高等学校教材

建设项目环境影响评价实训教程

韩香云 丁 成 陈天明 编著

化学工业出版社

·北京·

《建设项目环境影响评价实训教程》共分三篇：第一篇为环境影响评价基础，共三章，第一章说明环境影响评价实训的目的与要求；第二章介绍环境影响评价基础理论知识，内容包括：环境影响评价程序，环境影响评价文件，环境影响评价法律法规，环境影响评价的标准，环境影响评价依据的环境政策、产业政策及污染防治技术政策；第三章为环境影响评价常用工具，包括文字录入与编辑工具、数据统计工具、绘图及图形处理工具和环境影响预测工具；第二篇为环境影响评价实训，分为环境影响评价准备阶段实训（第四章），分析论证和预测评价阶段实训（第五章），环境影响评价文件编制（第六章）及环境影响报告书送审、修改及归档（第七章）。其中第四、第五章按照环境影响评价编制的主要内容，分编制依据、环境现状调查、环境影响评价工作方案的制订、工程分析、环境现状评价、大气环境影响预测与评价、地表水环境影响评价、声环境影响评价、固体废物环境影响评价、环境风险评价及污染防治措施评述共十一个专项进行实训，每一个实训项目按照"实训目的—实训要求—相关知识—实训内容"四个部分编写。第三篇为案例分析，包含十个不同项目的案例分析，以巩固学生课堂所学，能够运用理论知识分析实际问题。

本书可作为高等学校环境科学与工程专业类环境影响评价实训教学用书，也可供相关专业及环保技术人员参考。

图书在版编目（CIP）数据

建设项目环境影响评价实训教程/韩香云，丁成，陈天明编著 .—北京：化学工业出版社，2015.11（2021.5 重印）
高等学校教材
ISBN 978-7-122-25377-4

Ⅰ．①建…　Ⅱ．①韩…②丁…③陈…　Ⅲ．①环境影响-评价-教材　Ⅳ．①X820.3

中国版本图书馆 CIP 数据核字（2015）第 240281 号

责任编辑：杨　菁　王　婧　李玉晖　　　　装帧设计：孙远博
责任校对：宋　玮

出版发行：化学工业出版社(北京市东城区青年湖南街 13 号　邮政编码 100011)
印　　装：北京虎彩文化传播有限公司
787mm×1092mm　1/16　印张 7¼　字数 167 千字　　2021 年 5 月北京第 1 版第 5 次印刷

购书咨询：010-64518888　　　　　　售后服务：010-64518899
网　　址：http://www.cip.com.cn

定　　价：24.00 元

前 言

　　"卓越工程师教育培养计划"（以下简称"卓越计划"）是贯彻落实《国家中长期教育改革和发展规划纲要（2010—2020年）》的重大改革项目，也是促进我国由工程教育大国迈向工程教育强国的重大举措。"卓越计划"最大的特点是以强化学生的工程实践应用能力与创新能力为目标，来构建人才培养模式、改革课程教学内容与教学方法、提高人才培养质量。

　　我国多年的环境保护实践中，环境管理经历了从单纯的末端治理到环境评价，再到如今注重规划的转变。在这一理念的转换中，建设项目的环境影响评价发展成为今天的一项常规工作，特别是《中华人民共和国环境影响评价法》颁布实施和系列环境影响评价技术导则的制定和修订，使建设项目和规划的环境影响评价更加规范。随着环境影响评价工程师登记制度的实施，环境影响评价得到了新的发展。环境影响评价是环境科学与工程专业的主干课程之一，是环境专业教学的重要组成部分。该课程除要求学生必须具备相关的专业课知识外，还需要关注国家的政策、法律以及地方性法规等。该课程应用性较强，需要紧密联系实际。因此，为了顺应形势的发展，该门课程应开设实践环节，以加强环境类学生对环境影响评价知识的运用能力。为适应社会发展的需要，编者根据多年的环境影响评价实际工作经验，结合环境影响评价课程特点及实践环节需要，编写了《建设项目环境影响评价实训教程》教材，在内容上力求全面、精炼，注重科学性和实用性。

　　本书由韩香云、丁成、陈天明编著，全书由韩香云统稿。

　　本书得到了盐城工学院教材出版基金的资助。在编写过程中引用了许多专家学者的著作和研究成果，在此一并表示感谢。

　　由于编者时间和水平有限，书中不足之处在所难免，敬请各位读者批评指正。

编者

2015 年 6 月

目 录

第一篇
环境影响评价基础

第一章 环境影响评价实训的目的与要求

《环境影响评价》课程是环境类专业的一门必修课，是环境科学与工程专业教学的重要组成部分。该课程涵盖了环境工程课程体系的主要内容，与其他课程联系紧密，也是一门应用性很强的课程。为适应社会对环境保护人才的需求，学生除了学习理论知识外，还应得到充分的项目环境影响评价训练，尤其是新形势下卓越环保工程师的培养，对学生在校期间的实践环节提出了更高的要求。建设项目环境影响评价实训是与环境影响评价理论教学相配套的一个重要实践性教学环节。

一、实训目的

① 通过实训，使学生进一步了解我国的环境影响评价制度，熟悉环境影响评价的内容、程序和方法。

② 将理论知识与实践相结合，学习如何收集、整理、分析及利用数据、信息及资料，培养学生的文献资料查阅、收集、处理和应用能力。

③ 通过污染源强分析，训练、培养学生的计算能力和数据统计分析能力。

④ 通过处理、绘制环境影响评价图件，培养学生的图件处理能力和绘图能力。

⑤ 在实训过程中，将理论知识运用到实际项目环评当中，并能够初步完成环境影响评价主要专题的编写工作，培养学生熟练应用办公软件、绘图及图形处理软件和预测软件。

⑥ 在编写、修改、评估乃至报批环境影响评价报告的过程中，锻炼学生的沟通能力、表达能力和团体协作能力。

⑦ 提高学生综合运用知识的能力，培养学生积极思考、分析问题、解决问题的能力和学生严谨的科学素养、实事求是的科学态度和团结协作精神，为学生走上工作岗位能够较快独立承担环境影响评价任务奠定坚实的基础，有效缩短学生的社会适应期。

二、实训要求

1. 纪律要求

实训期间，学生应按时到达老师指定地点，服从校内和校外指导教师的统一指挥，尊重相关工程技术人员和工人师傅，实训过程中遇到问题及时与老师或技术人员沟通，勤学好问，虚心请教。还要爱护公共财物（桌椅、机房电脑、图书资料等），切实注意人身安全、交通安全、用电安全等，严防意外事故发生。

2. 材料提交要求

材料应提交电子版和纸质版，按照给定的格式要求按时提交。格式要求如下。

（1）一般原则　要求简洁、大方，节约环保。一律使用 Office2003 办公软件。

（2）页面设置

① 纸张：A4。

② 文档网络：无网络。

③ 版式：页眉、页脚均为 1.75cm。

④ 页边距：上 2.8cm，下 2.5cm，左右均为 2.5cm，不要装订线。

（3）字体

① 目录。采用二级目录，五号宋体，一级目录段前段后各 4 磅（或 0.3 行）并加粗，二级目录左缩进 2 个字符，1.25 倍行距，目录页脚插入罗马数字页码（五号）。

② 页眉和页脚。页眉：项目名称五号宋体、居中；页脚：页码五号宋体。

③ 标题。一级标题：居中，小二号黑体，段前段后各 10 磅，行距固定为 22 磅；二级标题：居左，顶格，小三黑体，段前、段后各 0.5 行，1.5 倍行距；三级标题：居左，顶格，小四黑体，段前、段后各 0.5 行，1.5 倍行距。

④ 正文。采用小四宋体，西文和数字一律使用 Times New Roman 字体，首行缩进 2 个字符，行距固定为 22 磅。

⑤ 表格。表格居中，单倍行距，表格名称（如：表 1-1…）位于表格上方、五号加粗；表格行高指定高度为 0.6cm，行高数值选择最小值；同页各表格宽度保持一致，整个文本最好统一。

同一张表格尽量不分页（差一两行可调节行高值），如需分页，则下一页表格左上方应有"续表 1-1"等字样；表格文字一律采用五号字体，居中，如放不下可相应缩小一号，或调节字符间距。

⑥ 插图。居中，图名（如：图 1-1）位于图下方、五号加粗，采用软件默认的"在此处创建图形"，使图形组合，同一张图尽量不要分页。图示文字采用五号或小五号宋体，居中。

⑦ 附图和附件。图名统一采用"附图 1、附图 2……"，文字采用黑体三号，位于图下方并居中。附件标号，采用"附件 1、附件 2……"，文字采用黑体三号，位于页面上方并居右侧。

三、实训考核方式

实训考核根据以下几个方面进行评分。

① 学生在实训期间的学习态度，包括出勤、阶段成果提交是否及时、与老师交流、是否按要求及时修改等。

② 提交的成果（包括图件）是否符合格式要求。

③ 污染源强分析、现状评价、环境预测是否准确可信。

④ 污染防治措施是否合理可行。

⑤ 风险评价是否正确，结论是否可信。

实训成绩按五级评定：优秀、良好、中等、及格、不及格。

第二章 环境影响评价基础理论知识

1964 年在加拿大召开的国际环境质量评价会议上，首先提出了"环境影响评价"的概念和学术观点。美国是世界上第一个将环境影响评价用法律确定下来并建立环境影响制度的国家。1969 年美国颁布《国家环境政策法（NEPA）》把环境影响评价作为联邦政府在环境管理中必须遵循的一项制度，至 20 世纪 70 年代末，各州相继建立了各种形式的环境影响评价制度。1972 年联合国斯德哥尔摩人类环境会议之后，我国开始对环境影响评价制度进行探讨和研究。1973 年第一次全国环境保护会议后，环境影响评价的概念引入我国，首先在环境质量评价方面开展了工作。1979 年，《中华人民共和国环境保护法（试行）》中明确规定了环境影响评价制度。80 年代以来确立了一系列环境法律法规；90 年代以来陆续制定了一系列环境影响评价技术导则；《中华人民共和国环境影响评价法》于 2003 年 9 月 1 日实施，对环境影响评价的概念、地位、法律责任等进行了明确规定，从而指引人们更好地进行环评工作。2008—2014 年，相继修订发布了《环境影响评价技术导则　大气环境》《环境影响评价技术导则　声环境》《环境影响评价技术导则　生态影响》《环境影响评价技术导则　总纲》《规划环境影响评价技术导则　总纲》；2011 年，制定发布了《环境影响评价技术导则　地下水环境》。标志着我国环境影响评价进入了一个全新的阶段。

环境影响评价是指对规划和建设项目实施后可能造成的环境影响进行分析、预测和评估，提出预防或者减轻不良环境影响的对策和措施，进行跟踪监测的方法与制度。环境影响评价本身是一种科学方法和技术手段，并通过理论研究和实践检验不断改进、拓展和完善；同时，环境影响评价又是必须履行的法律义务，是需要由环境保护行政主管部门审批的一项法律制度。因此，为规范环境影响评价技术、指导开展环境影响评价工作，国家制定环境影响评价技术导则和相应规范是最为直接和有效的管理措施。

第一节　环境影响评价程序

一、环境影响评价的工作程序

环境影响评价工作程序大体分为三个阶段，即前期准备、调研和工作方案阶段，分析论证和预测评价阶段，环境影响评价文件编制阶段。具体流程如图 2-1 所示。

二、环境影响评价的管理程序

对建设项目环境影响评价分类管理，是指依据建设项目对环境影响程度的大小，分类别规定其所适用的环境影响评价的具体要求、管理规定和管理程序。根据国务院环境保护行政主管部门制订的"建设项目环境影响评价分类管理名录"对建设项目确定其应编制环境影响报告书、报告表或登记表的种类。

1. 对环境影响评价文件审批权限的规定

对环境可能产生影响的建设项目从提出申请到环境影响评价文件审查的全过程，每一步都必须按照法规的要求执行。

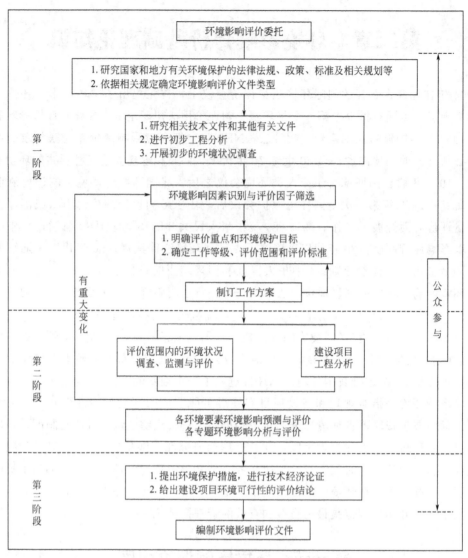

图 2-1　环境影响评价工作程序图

　　《中华人民共和国环境影响评价法》中规定，建设项目的环境影响评价文件，由建设单位按照国务院的规定报有审批权的环境保护行政主管部门审批；建设项目有行业主管部门的，其环境影响报告书或者环境影响报告表应当经行业主管部门预审后，报有审批权的环境保护行政主管部门审批。海洋工程建设项目的海洋环境影响报告书的审批，依照《中华人民共和国海洋环境保护法》的规定办理。涉及水土保持的建设项目，还必须有经水行政主管部门审查同意的水土保持方案。

　　《建设项目环境保护管理条例》对建设项目的环境影响评价文件审批权的规定同上述规定一致。同时规定，海岸工程建设项目环境影响报告书或者环境影响报告表，经海洋行政主管部门审核并签署意见后，报环境保护行政主管部门审批。

　　没有行业主管部门的建设项目，环境保护行政主管部门可直接审批建设项目环境影响评价文件。为保证审批质量，建设单位在报批建设项目环境影响评价文件前，其环境影响评价文件应由有资质的技术评估机构进行技术评估，即对环境影响评价文件的技术方法和评价结论进行技术审查，为环境保护行政主管部门审批提供技术依据。

2．环境影响评价文件的报批时限

《建设项目环境保护管理条例》第九条规定，建设单位应当在建设项目可行性研究阶段报批建设项目环境影响报告书、环境影响报告表或者环境影响登记表；但是，铁路、交通等建设项目，经有审批权的环境保护行政主管部门同意，可以在初步设计完成前报批环境影响报告书或者环境影响报告表。按照国家有关规定，不需要进行可行性研究的建设项目，建设单位应当在建设项目开工前报批建设项目环境影响报告书、环境影响报告表或者环境影响登记表；其中，需要办理营业执照的建设项目，建设单位应当在办理营业执照前报批该项目环境影响报告书、环境影响报告表或者环境影响登记表。

《中华人民共和国环境影响评价法》第二十四条规定，建设项目环境影响评价文件经批准后，建设项目的性质、规模、地点、采用的生产工艺或者防治污染、防止生态破坏的措施发生重大变化的，建设单位应当重新报批建设项目环境影响评价文件。

3．环境影响评价管理程序

我国环境影响评价管理程序如图 2-2 所示。

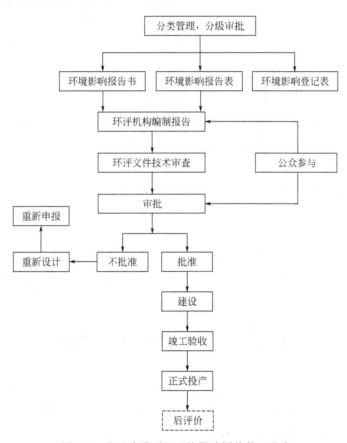

图 2-2　我国建设项目环境影响评价管理程序

（1）委托编制　建设单位委托具有资质的环境影响评价机构开展环境影响评价文件的编制工作，期间开展公众参与，调查受影响公众的意见。环境影响评价文件完成后，由建设单位向负责审批的环境保护部门提出申请，提交环评文件。

（2）审查　有审批权限的环境保护主管部门受理建设项目环境影响评价报告书后，认为需要进行技术评估的，由环境影响评估机构对环境影响报告书进行技术评估，组织专家评审。评估机构一般应在30日内提交评估报告，并对评估结论负责。

各级主管部门和环保部门在审查环境报告书时应贯彻下述原则。

① 审查该项目是否符合环境保护相关法律法规。建设项目涉及依法划定的自然保护区、风景名胜区、生活饮用水水源保护区及其他需要特别保护区域的，应当符合国家有关法律法规该区域内建设项目环境管理的规定；依法需要征得有关机关同意的，建设单位应当事先取得该机关同意。

② 审查该项目是否符合城市环境功能区划和城市总体发展规划。

③ 审查该项目的技术与装备政策是否符合国家产业政策和清洁生产的相关标准或要求。

④ 审查该项目是否做到污染物达标排放。

⑤ 审查该项目是否满足国家和地方规定的污染物总量控制指标。

⑥ 审查该项目建成后是否能维持地区环境质量，符合功能区要求。

⑦ 审查拟采取的生态保护措施能否有效预防和控制生态破坏。

（3）批准　经审查通过的建设项目，环境保护主管部门作出予以批准的决定，并书面通知建设单位。对不符合条件的建设项目，环境保护主管部门作出不予批准的决定，书面通知建设单位，并说明理由。

在作出批准的决定前，在政府网站公示拟批准的建设项目目录，公示时间为5天。

作出批准决定后，在政府网站公告建设项目审批结果。

建设项目的环境影响评价文件自批准之日起超过5年，方决定该项目开工建设的，其环境影响评价文件应当报环境保护行政主管部门重新审核。

（4）后评价　建设单位获得批文后方能施工建设。在施工结束后仍向审批环境影响评价的环境保护主管部门提出竣工验收申请，完成竣工验收报告，并在通过竣工验收后方能正式投产。

如果在项目建设、运行过程中产生不符合已经审批的环境影响评价文件情形的，建设单位应当组织环境影响后评价，采取改进措施，并报原环境影响评价审批部门和建设项目审批部门备案；原环评文件审批部门也可以责成建设单位进行环境影响的后评价，采取改进措施。

第二节　环境影响评价文件

根据《环境影响评价技术导则　总纲》（HJ 2.1—2011），环境影响评价文件包括建设项目环境影响报告书和建设项目环境影响报告表，不包括环境影响登记表。

一、环境影响评价报告书的编制

1. 环境影响报告书编制的总体要求

① 环境影响报告书应全面、概括地反映环境影响评价的全部工作，文字应简洁、准确，尽量采用图表和照片，以使提出的资料清楚，论点明确，利于阅读和审查。

② 原始数据、全部计算过程等不必在报告书中列出，必要时可编入附录。

③ 所参考的主要文献应按其发表的时间次序由近至远列出目录。

④ 评价内容较多的报告书，其重点评价项目另编分项报告书，主要的技术问题另编专题技术报告。

2. 环境影响报告书的内容

环境影响报告书应根据工程特点、评价级别、国家和地方的环境保护要求，选择下列但不限于下列全部或部分专项评价。

污染影响为主的建设项目一般应包括工程分析，周围地区的环境现状调查与评价，环境影响预测与评价，清洁生产分析，环境风险评价，环境保护措施及其经济、技术论证，污染物排放总量控制，环境影响经济损益分析，环境管理与监测计划，公众参与，评价结论和建议等专题。生态影响为主的建设项目还应设置施工期、环境敏感区、珍稀动植物、社会等影响专题。

其中，部分编制内容的具体要求阐述如下。

（1）总则

① 编制依据。需包括建设项目应执行的相关法律法规、相关政策及规划、相关导则及技术规范、有关技术文件和工作文件，以及环境影响报告书编制中引用的资料、环评委托书等。

② 评价因子与评价标准。分列现状评价因子和预测评价因子，给出各评价因子所执行的环境质量标准、排放标准。

③ 评价工作等级和评价重点。说明各专项评价工作等级，明确重点评价内容。

④ 评价范围及环境敏感区。以图、表形式说明评价范围和各环境要素的环境功能类别或级别，各环境要素环境敏感区和功能及其与建设项目的相应位置关系等。

（2）建设项目概况与工程分析　采用图表及文字结合方式，概要说明建设项目的基本情况、组成、主要工艺路线、工程布置及原有、在建工程的关系。

对建设项目的全部组成和施工期、运营期、服务期满后所有时段的全部行为过程的环境影响因素及其影响特征、程度、方式等进行分析与说明，突出重点；从保护周围环境、景观及环境保护目标要求出发，分析总图及规划布置方案的合理性。

绘出平面布置图。

（3）环境现状调查与评价　根据当地环境特征、建设项目特点和专项评价设置情况，从自然环境、社会环境、环境质量和区域污染源等方面选择相应内容进行现状调查与评价。

给出地理位置图、项目所在区域规划图、水系图、与自然保护区的相对位置图（如涉及自然保护区）、周围环境现状图等。

（4）环境影响预测　给出预测时段、预测内容、预测范围、预测方法及预测结果，并根据环境质量标准或评价指标对建设项目的环境影响进行评价。

（5）社会环境影响评价　明确建设项目可能产生的社会环境影响，定量预测或定性描述社会环境影响评价因子的变化情况，提出降低影响的对策与措施。

（6）环境风险评价　根据建设项目环境风险识别、分析情况，给出环境风险评估后果、环境风险的可接受程度，从环境风险角度论证建设项目的可行性，提出具体可行的风险防范措施和应急预案。

（7）环境保护措施及其经济、技术论证 明确建设项目拟采取的具体环境保护措施。结合环境影响评价结果，论证建设项目拟采取环境保护措施的可行性，并按技术先进、适用、有效的原则，进行多方案比选，推荐最佳方案。

按工程实施不同时段，分别列出其环境保护投资额，并分析其合理性。给出各项措施及投资估算一览表。

如污水排入区域污水处理厂，需给出污水管网图。

（8）清洁生产分析和循环经济 量化分析建设项目清洁生产水平，提高资源利用率，优化废物处置途径，提出节能、降耗、提高清洁生产水平的改进措施与建议。

（9）污染物排放总量控制 根据国家和地方总量控制要求、区域总量控制的实际情况及建设项目主要污染物排放指标分析情况，提出污染物排放总量控制指标建议和满足指标要求的环境保护措施。

（10）环境影响经济损益分析 根据建设项目环境影响所造成的经济损失与效益分析结果，提出补偿措施与建议。

（11）环境管理与环境监测 根据建设项目环境影响情况，提出设计、施工期、运营期的环境管理及监测计划要求，包括环境管理制度、机构、人员、监测点位、监测时间、监测频次、监测因子等。

（12）公众意见调查 给出采取的调查方式、调查对象、建设项目的环境影响信息、拟采取的环境保护措施、公众对环境保护的主要意见、公众意见的采纳情况等。

（13）方案比选 建设项目的选址选线和规模，应从是否与规划相协调、是否符合法规要求、是否满足环境功能区要求、是否影响环境敏感区或造成重大资源经济和社会文化损失等方面进行环境合理性比较，从环境保护角度，提出选址、选线意见。

（14）环境影响评价结论 环境影响评价结论是全部评价工作结论，应在概括和总结全部评价工作的基础上，简洁、准确、客观地总结建设项目实施过程各阶段生产和生活活动与当地环境的关系，明确一般情况下和特定情况下的环境影响，规定采取的环境保护措施，从环境保护角度分析，得出建设项目是否可行的结论。

环境影响评价的结论一般包括建设项目的建设概况、环境现状与主要环境问题、环境影响预测与评价结论、建设项目建设的环境可行性、结论与建议等内容，可有针对性地选择其中的全部或部分内容进行编写。环境可行性结论应从与法规政策及相关规划一致性、清洁生产和污染物排放水平、环境保护措施可靠性和合理性、达标排放稳定性、公众参与接受性等方面分析得出。

（15）附录和附件 将建设项目依据文件、评价标准和污染物排放总量批复文件、引用文献资料、原燃料品质等必要的有关文件、资料附在环境影响报告书后。

二、环境影响报告表的内容和格式

环境影响报告表的内容和格式，由国务院环境保护行政主管部门制定。环境影响报告表的内容包括以下内容。

① 建设项目基本情况。

② 建设项目所在地自然环境、社会环境简况及环境质量状况。

③ 评价适用标准。

④ 建设项目工程分析及项目主要污染物产生及预计排放情况。

⑤ 环境影响分析。

⑥ 建设项目拟采取的防治措施及预期治理效果。

⑦ 结论与建议。

如果报告表不能说明项目产生的污染及对环境造成的影响，应进行专项评价。根据项目特点和环境特征，应选择下列1～2项进行专项评价，如大气环境、水环境（包括地表水和地下水）、生态环境、声环境等影响专项评价及风险评价专项。

报告表应附的附件包括：环境影响评价工作委托书、建设项目立项批准文件（备案制建设项目的备案文件）、建设项目选址初步意见或土地租赁协议、水利部门有关取水的批复意见（淮河流域新增排污口，需水行政主管部门有关排水的批复意见）、环境现状监测有关资料、固体废物（危险废物）处理处置协议书（危险废物须提供处理处置单位的相关资质证明）、城市污水处理厂或其主管部门同意接纳污水的函件（项目产生的污水送污水处理厂处理的情况）及其他与环评有关的行政管理文件。

报告表应附的附图包括：项目地理位置图（应反映行政区划、水系、标明纳污口位置和地形地貌等）、周边环境现状图、平面布置图等，图中应标注比例尺、图例及方位（指北向）等。

三、建设项目环境影响评价文件报批过程及审批时限

建设项目的环境影响评价文件由建设单位按照国务院的规定报有审批权的环境保护行政主管部门审批；建设项目有行业主管部门的，其环境影响报告书或者环境影响报告表应当经行业主管部门预审后，报有审批权的环境保护行政主管部门审批。海洋工程建设项目的海洋环境影响报告书的审批，依照《中华人民共和国海洋环境保护法》的规定办理。审批部门应当自收到环境影响报告书之日起60日内，收到环境影响报告表之日起30日内，收到环境影响登记表之日起15日内，分别作出审批决定并书面通知建设单位。

预审、审核、审批建设项目环境影响评价文件，不得收取任何费用。

第三节　环境影响评价法律法规

一、我国环境影响评价的法律依据

① 宪法中的有关规定：宪法中的有关规定是确定环境影响评价制度最根本的法律依据和基础。

② 环境基本法中规定：各单项法和行政法规中关于环境影响评价制度的法律依据和基础。

③ 单项法和条例中的规定：适用于各具体领域。

④ 环境影响评价的主要行政法规：行政法规是执行制度是的具体工作准则。

⑤ 环境保护部门规章。

⑥ 环境保护地方性法规和地方政府规章。

⑦ 环境标准。

二、我国环境保护法律法规体系中各层次之间的相互关系

《宪法》是我国环境法体系的基础，在整个环境法规体系中具有最高的法律效力，其他层次的法律法规都不得同宪法相抵触；环境法律具有仅次于宪法的法律效力，除宪法以外的其他层次不得与其相抵触；环境行政法规必须根据宪法和法律制定；地方环境法规不得同宪法、法律和行政法规相抵触；环境行政规章必须根据法律和行政法规制定；地方环境行政规章根据法律、行政法规、地方法规和行政规章制定。从立法体制的角度建立环境法规体系，要注意维护我国环境法制的统一性，发挥中央和地方立法机关以及各个层次法规的作用。

第四节　环境影响评价的标准

一、环境标准的概念

环境标准（environmental standard）是为了防治环境污染，维护生态平衡，保护人群健康，由国务院环境保护行政主管部门和省、自治区、直辖市人民政府依据国家有关法律规定，对环境保护工作中需要统一的各项技术规范、技术要求和技术指南而制定和发布的技术规定。具体地讲，环境标准是国家为了保护人民健康，促进生态良性循环，实现社会经济发展目标，根据国家的环境政策和法规，在综合考虑本国自然环境特征、社会经济条件和科学技术水平的基础上规定环境中污染物的允许浓度和污染源排放污染物的数量（包括总量）、浓度、时间、速率以及其他有关技术规范、技术要求和技术指南。

环境标准是随着环境问题的产生而出现的，随着科技进步和环境科学的发展，环境标准也随之发展，其种类和数量也越来越多。我国环境标准可分为国家标准、行业标准（即国家环境保护行业标准）和地方标准；按其内容和性质，可分为环境质量标准、污染物排放标准、方法标准、标准样品标准和基础标准等。我国环境标准体系分为两级 6 类（国家和地方两级，国家地方环境质量标准、国家地方污染排放标准、国家环境基础标准、国家环境方法标准、国家环境物质标准、国家环境保护行业标准 6 类）。

环境标准颁布后，各级环保部门负责监督执行。各省、自治区直辖市和地市县环保局负责对本行政区环境标准的实施进行监督检查，并通过环保局监测站具体执行。

二、环境标准体系结构

环境标准分为国家级和地方级。国家级包括国家环境质量标准、国家污染物排放标准（或控制标准）、国家环境监测方法标准、国家环境标准样品标准、国家环境基础标准以及国家环境保护行业标准。地方级包括地方环境质量标准和地方污染物排放标准。

1. 国家环境保护标准

（1）国家环境质量标准　为了保障人群健康、维护生态环境和保障社会物质财富，并考虑技术、经济条件，对环境中有害物质和因素所作的限制性规定。国家环境质量标准是一定时期内衡量环境优劣程度的标准，从某种意义上讲是环境质量的目标标准。

（2）国家污染物排放标准（或控制标准）　根据国家环境质量标准，以及适用的污染控制技术，并考虑经济承受能力，对排入环境的有害物质和产生污染的各种因素所做的限制性

规定，是对污染源控制的标准。

（3）国家环境监测方法标准　为监测环境质量和污染物排放，规范采样、分析测试、数据处理等所做的统一规定（是指分析方法、测定方法、采样方法、试验方法、检验方法、操作方法等所做的统一规定）。环境监测中最常见的是分析方法、测定方法、采样方法。

（4）国家环境标准样品标准　为保证环境监测数据的准确、可靠，对用于量值传递或质量控制的材料、实物样品而制定的标准物质。标准样品在环境管理中起着特别的作用：可用来评价分析仪器、鉴别其灵敏度；评价分析者的技术，使操作技术规范化。

（5）国家环境基础标准　对环境标准工作中需要统一的技术术语、符号、代号（代码）、图形、指南、导则、量纲单位及信息编码等所做的统一规定。

（6）国家环境保护行业标准　除上述环境标准外，在环境保护工作中对还需要统一的技术要求所制定的标准（包括执行各项环境管理制度、监测技术、环境区划、规划的技术要求、规范、导则等）。

环境影响评价技术导则一般可分为各环境要素的环境影响评价导则、各专项或专题的环境影响评价导则、规划和建设项目的环境影响评价导则等。

2. 地方环境保护标准

地方环境标准是对国家环境标准的补充和完善。由省、自治区、直辖市人民政府制定。近年来为控制环境质量的恶化趋势，一些地方已将总量控制指标纳入地方环境标准。

（1）地方环境质量标准　国家环境质量标准中未作出规定的项目，可以制定地方环境质量标准，并报国务院行政主管部门备案。

（2）地方污染物排放（控制）标准　①国家污染物排放标准中未作规定的项目可以制定地方污染物排放标准；②国家污染物排放标准已规定的项目，可以制定严于国家污染物排放标准的地方污染物排放标准；③省、自治区、直辖市人民政府制定机动车船大气污染物地方排放标准严于国家排放标准的，须报经国务院批准。

国家环境保护标准分为强制性和推荐性标准。环境质量标准和污染物排放标准以及法律、法规规定必须执行的其他标准属于强制性标准，强制性标准必须执行。强制性标准以外的环境标准属于推荐性标准。国家鼓励采用推荐性环境标准，推荐性环境标准被强制标准引用，也必须强制执行。

我国环境标准体系框架如图2-3所示。

三、环境标准之间的关系

1. 国家环境标准和地方环境标准的关系

根据有关法律法规的规定，建设项目向已有地方污染物排放标准的区域排放污染物时，应执行地方污染物排放标准，对于地方污染物排放标准中没有规定的指标，执行国家污染物排放标准中相应的指标。也就是说，在执行上，地方环境标准优先于国家环境标准。

2. 国家污染物排放（控制）标准之间的关系

根据有关法律法规的规定，综合性污染物排放（控制）标准与行业性污染物排放（控制）标准不交叉执行。有行业污染物排放（控制）标准的执行行业性污染物排放（控制）标准；没有行业性污染物排放（控制）标准的执行综合性污染物排放（控制）标准。也就是说，在执行上，行业性污染物排放（控制）标准优先于综合性污染物排放（控制）标准。

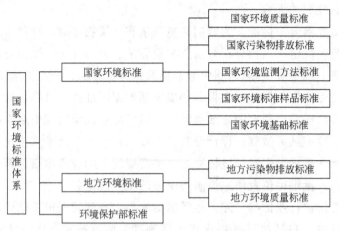

图 2-3　我国环境标准体系

3. 国内环境标准与国外环境标准的关系

根据有关法律法规的规定,有国内环境标准的执行国内环境标准。建设从国外引进的项目,其排放的污染物在国家和地方污染物排放(控制)标准中无相应污染物排放(控制)指标时,该建设项目引进单位应提交项目输出国或发达国家现行的该污染物排放(控制)标准及有关技术资料,由市(地)级人民政府环境保护行政主管部门结合当地环境条件和经济技术状况,提出该项目应执行的污染物排放(控制)指标,经省、自治区、直辖市人民政府环境保护行政主管部门批准后实行,并报国家环境保护部备案。也就是说,在执行上,国内环境标准优先于国外环境标准。

4. 环境标准体系内各类环境标准之间的关系

环境质量标准和污染物排放(控制)标准是环境标准体系的主体,构成了环境标准体系的核心内容,从环境监督管理的要求上集中体现了环境标准体系的基本功能,是实现环境标准体系目标的基本途径。环境基础标准是环境标准体系的基础和关于环境标准的标准。它对统一和规范环境标准的制定、修订、执行等都具有重要的指导作用,是环境标准体系的基石。环境监测方法标准和环境标准样品标准是环境标准的技术支持系统。它们直接服务于环境质量标准和污染物排放(控制)标准,是环境质量标准和污染物排放(控制)标准技术内容的配套补充,以及有效执行环境质量标准和污染物排放(控制)标准的技术保证。

四、主要环境标准名录

1. 大气环境标准

(1) 大气环境质量标准

①《环境空气质量标准》GB 3095—1996 及其修改单

②《环境空气质量标准》GB 3095—2012

③《室内空气质量标准》GB/T 18883—2002

④《保护农作物的大气污染物最高允许浓度》GB 9137—1988

(2) 大气污染物排放标准

①《水泥工业大气污染物排放标准》GB 4915—2013

②《火电厂大气污染物排放标准》GB 13223—2011

③《饮食业油烟排放标准（试行）》GB 18483—2001

④《锅炉大气污染物排放标准》GB 13271—2014

⑤《大气污染物综合排放标准》GB 16297—1996

⑥《炼焦炉大气污染物排放标准》GB 16171—2012

⑦《工业炉窑大气污染物排放标准》GB 9078—1996

⑧《恶臭污染物排放标准》GB 14554—1993

⑨《轻型汽车污染物排放限值及测量方法（中国第五阶段）》GB 18352.5—2013

⑩《重型车用汽油发动机与汽车排气污染物排放限值及测量方法（中国Ⅲ、Ⅳ阶段）》GB 14762—2008

2. 水环境标准

（1）水环境质量标准

①《地表水环境质量标准》GB 3838—2002

②《海水水质标准》GB 3097—1997

③《地下水质量标准》GB/T 14848—1993

④《农田灌溉水质标准》GB 5084—2005

⑤《渔业水质标准》GB 11607—1989

（2）污染物排放标准

①《制革及毛皮加工工业水污染物排放标准》GB 30486—2013

②《电池工业污染物排放标准》GB 30484—2013

③《柠檬酸工业污染物排放标准》GB 19430—2013

④《纺织染整工业水污染物排放标准》GB 4287—2012

⑤《钢铁工业水污染物排放标准》GB 13456—2012

⑥《磷肥工业水污染物排放标准》GB 15580—2011

⑦《制浆造纸工业水污染物排放标准》GB 3544—2008

⑧《生物工程类制药工业水污染物排放标准》GB 21907—2008

⑨《中药类制药工业污染物排放标准》GB 21906—2008

⑩《提取类制药工业污染物排放标准》GB 21905—2008

⑪《化学合成制药工业水污染物排放标准》GB 21904—2008

⑫《城镇污水处理厂污染物排放标准》GB 18918—2002

⑬《畜禽养殖业污染物排放标准》GB 18596—2001

⑭《污水综合排放标准》GB 8978—1996

⑮《烧碱聚氯乙烯工业水污染物排放标准》GB 15580—1995

⑯《合成氨工业水污染物排放标准》GB 13458—2013

⑰《肉类加工工业水污染物排放标准》GB 13457—1992

⑱《污水海洋处置工程污染控制标准》GB 18486—2001

⑲《合成树脂工业污染物排放标准》GB 31572—2015

⑳《石油炼制工业污染物排放标准》GB 31570—2015

3. 噪声标准

（1）质量标准

①《声环境质量标准》GB 3096—2008

②《城市区域环境振动标准》GB 10070—1988

③《机场周围飞机噪声环境标准》GB 9660—1988

（2）排放标准

①《工业企业厂界环境噪声排放标准》GB 12348—2008

②《社会生活环境噪声排放标准》GB 22337—2008

③《建筑施工厂界环境噪声排放标准》GB 12523—2011

④《铁路边界噪声限值及其测量方法》GB 12525—1990

4. 环境影响评价技术导则

①《环境影响评价技术导则　总纲》HJ 2.1—2011

②《环境影响评价技术导则　大气环境》HJ 2.2—2008

③《环境影响评价技术导则　地面水环境》HJ/T 2.3—1993

④《环境影响评价技术导则　声环境》HJ 2.4—2009

⑤《环境影响评价技术导则　生态影响》HJ 19—2011

⑥《环境影响评价技术导则　地下水环境》HJ 610—2011

⑦《规划环境影响评价技术导则　总纲》HJ 130—2014

⑧《开发区区域环境影响评价技术导则》HJ/T 131—2003

⑨《环境影响评价技术导则　水利水电工程》HJ/T 88—2003

⑩《环境影响技术评价导则　民用机场建设工程》HJ/T 87—2002

⑪《环境影响评价技术导则　制药建设项目》HJ 611—2011

⑫《环境影响评价技术导则　农药建设项目》HJ 582—2010

⑬《建设项目环境影响技术评估导则》HJ 616—2011

⑭《环境影响评价技术导则　煤炭采选工程》HJ 619—2011

⑮《规划环境影响评价技术导则　煤炭工业矿区总体规划》HJ 463—2009

⑯《环境影响评价技术导则　城市轨道交通》HJ 453—2008

⑰《环境影响评价技术导则　陆地石油天然气开发建设项目》HJ/T 349—2007

⑱《建设项目环境风险评价技术导则》HJ/T 169—2004

⑲《环境影响评价技术导则　石油化工建设项目》HJ/T 89—2003

⑳《场地环境调查技术导则》HJ 25.1—2014

㉑《场地环境监测技术导则》HJ 25.2—2014

㉒《污染场地风险评估技术导则》HJ 25.3—2014

㉓《污染场地土壤修复技术导则》HJ 25.4—2014

㉔《环境影响评价技术导则　输变电工程》HJ 24—2014

㉕《辐射环境保护管理导则　电磁辐射监测仪器和方法》HJ/T 10.2—1996

㉖《辐射环境保护管理导则　电磁辐射环境影响评价方法和标准》HJ/T 10.3—1996

㉗《固体废物处理处置工程技术导则》HJ 2035—2013

㉘《环境影响评价技术导则　钢铁建设项目》HJ708—2014

㉙《尾矿库环境风险评估技术导则（试行）》HJ 740—2015

5. 其他标准

①《土壤环境质量标准》GB 15618—1995

②《食用农产品产地环境质量评价标准》HJ 332—2006

③《拟开放场址土壤中剩余放射性可接受水平规定（暂行）》HJ/T 53—2000

④《生活垃圾填埋场污染控制标准》GB 16889—2008

⑤《生活垃圾焚烧污染控制标准》GB 18485—2014

⑥《危险废物焚烧污染控制标准》GB 18484—2001

⑦《危险废物填埋污染控制标准》GB 18598—2001

⑧《危险废物贮存污染控制标准》GB 18597—2001

⑨《一般工业固体废物贮存、处置场污染控制标准》GB 18599—2001

⑩《低、中水平放射性废物近地表处置设施的选址》HJ/T 23—1998

⑪《高压交流架空送电线无线电干扰限值》GB 15707—1995

⑫《场地环境调查技术导则》HJ 25.1—2014

⑬《场地环境监测技术导则》HJ 25.2—2014

⑭《污染场地风险评估技术导则》HJ 25.3—2014

⑮《污染场地土壤修复技术导则》HJ 25.4—2014

⑯《水泥窑协同处置固体废物污染控制标准》GB 30485—2013

⑰《城镇垃圾农用控制标准》GB 8172—1987

⑱《农用污泥中污染物控制标准》GB 4284—1984

⑲ 系列清洁生产标准

注意：最新的名录以中华人民共和国环境保护部科技标准司网站公布的为准。

第五节　环境影响评价依据的环境政策、产业政策与污染防治技术政策

一、环境政策

环境政策是指由国务院依法制定并公布，或由国务院有关行政主管部门、省、自治区、直辖市人民政府依法负责制定，经国务院批准发布的环境保护规范性指导文件（包括各种决定、办法、名录、目录、批复等）。它是推动社会、经济和环境可持续协调发展的重要指针，也是环境影响评价的主要依据之一。

目前在环境影响评价领域重点贯彻执行的几项环境政策有：《关于落实科学发展观加强环境保护的决定》（国务院，国发〔2005〕39 号）、《关于酸雨控制区和二氧化硫污染控制区有关问题的批复》（国务院，国函〔1998〕5 号）、《全国生态环境保护纲要》（国务院，国发〔2000〕38 号）、《资源综合利用目录》（国家发展和改革委员会、财政部、国家税务总局，发改环资〔2004〕73 号）等。这些环境政策是宪法、环境保护综合法、环境保护单行法和环境保护相关法的具体体现，对环境影响评价具有重要的促进作用和指导意义。

二、产业政策

产业政策是指为保证我国国民经济按照可持续发展战略原则，在适应国内市场的需求和有利于开拓国际市场的条件下，改善投资结构，促进产业的技术进步，有利于节约资源和改善生态环境，促进经济结构的合理化，从而使各产业部门得以协调、有序、持续、快速、健康地发展，实现国家对经济的宏观调控而制定和发布的有关政策。需要指出的是，各项产业政策都是为了适应某一特定时期内的某些要求而制定和发布的。随着国民经济的发展、科学技术的进步、产业结构的变化、环境标准的提高，国家将会根据实际状况对有关产业政策进行及时调整、增补、修订或废止。因此，在从事环境影响评价的过程中，必须密切关注国家宏观经济环境的发展趋势，注意跟踪有关产业政策的变化动向，以保证拟议中的规划和建设项目符合国家的产业政策。

目前我国的产业政策主要有以下几大类。

① 制止某些行业盲目投资的政策。如《关于制止钢铁电解铝水泥行业盲目投资若干意见的通知》《关于制止电解铝行业违规建设盲目投资的若干意见》《关于防止水泥行业盲目投资加快结构调整的若干意见》等。

② 鼓励某些产业发展的政策。如《汽车产业发展政策》《关于做好环保产业发展工作的通知》等。

③ 对某些行业实施准入条件的政策。如《电石行业准入条件（2007 年修订)》《铁合金行业准入条件》《焦化行业准入条件》《铜冶炼行业准入条件》《电解金属锰企业行业准入条件》等。

④ 对饮食娱乐服务业的环境管理政策。如《关于加强饮食娱乐服务企业环境管理的通知》。

⑤ 促进产业结构调整的政策。如《促进产业结构调整暂行规定》。

⑥ 对企业投资建设项目实行核准制政策。如《企业投资项目核准暂行办法》。

三、污染防治技术政策

污染防治技术政策是指政府有关部门根据国家环境保护法律和行政法规，结合一定阶段的经济技术发展水平、发展趋势以及环境保护工作的需要，针对污染严重的行业或具有共性的污染问题而制定和发布的指导性技术原则和技术路线。它是我国环境政策体系的重要组成部分。和环境政策与产业政策不同，污染防治技术政策本身并不具有强制性，但对污染防治能够起到技术指导作用，并引导环境保护产业的发展，同时也为环境保护行政主管部门实施环境监督管理提供技术依据。

我国目前已经制定和发布的污染防治技术政策如下。

①《挥发性有机物（VOCs）污染防治技术政策》（公告 2013 年 第 31 号）

②《硫酸工业污染防治技术政策》（公告 2013 年 第 31 号）

③《钢铁工业污染防治技术政策》（公告 2013 年 第 31 号）

④《水泥工业污染防治技术政策》（公告 2013 年 第 31 号）

⑤《制药工业污染防治技术政策》（公告 2012 年 第 18 号）

⑥《石油天然气开采业污染防治技术政策》（公告 2012 年 第 18 号）

⑦《畜禽养殖业污染防治技术政策》（环发［2010］151号）

⑧《火电厂氮氧化物防治技术政策》（环发［2010］10号）

⑨《地面交通噪声污染防治技术政策》（环发［2010］7号）

⑩《农村生活污染防治技术政策》（环发［2010］20号）

⑪《生活垃圾处理技术指南》（建城［2010］61号）

⑫《城镇污水处理厂污泥处理处置及污染防治技术政策（试行）》（建城［2009］23号）

⑬《废弃家用电器与电子产品污染防治技术政策》（环发［2006］115号）

⑭《制革、毛皮工业污染防治技术政策》（环发［2006］38号）

⑮《汽车产品回收利用技术政策》（公告2006年第9号）

⑯《矿山生态环境保护与污染防治技术政策》（环发［2005］109号）

⑰《湖库富营养化防治技术政策》（环发［2004］59号）

⑱《废电池污染防治技术政策》（环发［2003］163号）

⑲《燃煤二氧化硫排放污染防治技术政策》（环发［2002］26号）

⑳《印染行业废水污染防治技术政策》（环发［2001］118号）

㉑《危险废物污染防治技术政策》（环发［2001］199号）

㉒《城市生活垃圾处理及污染防治技术政策》（建城［2000］120号）

㉓《城市污水处理及污染防治技术政策》（城建［2000］124号）

㉔《机动车排放污染防治技术政策》（环发［1999］134号）

根据《中华人民共和国环境影响评价法》，"一地三域"规划有关环境影响的篇章或者说明应当提出"预防或者减轻不良环境影响的对策和措施"；专项规划的环境影响报告书应当包括"预防或者减轻不良环境影响的对策和措施"；建设项目的环境影响报告书应当包括"建设项目环境保护措施及其技术、经济论证"。而污染防治技术政策正好能够为这些对策措施的提出、分析和论证提供重要的依据。

第三章　环境影响评价常用工具

第一节　环境影响评价文字录入与编辑工具

一、文字录入与编辑工具

Word2003（或更高版本）是目前使用比较广泛的一种文字处理软件，它集文字的编辑、排版、表格处理、图形处理为一体，是环境影响评价过程中必需的文字录入与编辑工具。也可使用 WPS 进行文字处理。

二、公式编辑工具

MathType 是一个功能强大的数学公式编辑器，可以轻松输入各种复杂的公式和符号，与 Office 完美结合，显示效果很好，比 Office 自带的公式编辑器要强大很多，安装后在 Word 中的插入/对象中可以直接调用。

Word 里面自带的公式编辑器也能满足要求，在安装 Office 的时候选上"公式编辑器"。

三、化学结构式及方程式编辑工具

ACD/ChemSketch 用于化学画图，该软件可用于画化学结构、反应和图形，将绘制的分子结构式与方程式复制、粘贴至文字编辑软件中即可。

ChemOffice 是世界上优秀的桌面化学软件，包括 ChemDraw、Chem3D、ChemFinder 等一系列完整的软件。可以将化合物名称直接转为结构图，省去绘图的麻烦；也可以对已知结构的化合物命名，给出正确的化合物名称。环评过程中一般采用 ChemDraw 绘制分子结构式、反应方程式。

第二节　环境影响评价数据统计工具

一、Excel

环境评价中经常涉及大批数据的计算分析，Excle 无疑是最好的数据处理软件。

二、Access

Access 有强大的数据处理、统计分析能力，利用 Access 的查询功能，可以方便地进行各类汇总、平均等统计。

第三节　环境影响评价绘图及图形处理工具

一、绘图工具

环境影响评价中需要绘制流程图、平面布置图等，一般采用 Visio、亿图绘制流程图，用 AutoCAD 绘制平面布置图及周围环境现状图等。

二、图形浏览与处理工具

1. ACDSee 软件

ACDSee 软件基本在每台电脑上都有，一般多用于浏览图片。而用在编写环评报告中，最重要的功效就是"缩小图片"，采用 ACDSee 的"调剂图片大小"功能，将图片大小调剂到"1280×1024"或"800×600"大小的 JPG 格式，文件大小在 100～900K，基本能满足 A4 大小文档插图的打印请求。ACDSee 另一个功能就是转换图片格式，一般来说，转换成 JPG 的格式最小。

2. Photoshop

Photoshop 功能强大，环评中常用的功效主要有：裁剪图片、拼图、对底图作基础标示和其他一些后期处理。

3. ArcGIS 和 Mapinfo

ArcGIS 和 Mapinfo 在环评中主要用于浏览、绘制和处理地图。

三、电子地图

中国电子地图（China 地图）是一个功能强大的地图软件，详细至乡镇，包括各级行政边界、居民地、水系、机场、铁路、高速公路、国道、省道、县乡道、旅游景点等大小 100 多类信息。具有如下功能：①地图浏览：任意放大、缩小、平移地图；②地点搜索；③查找周边：以输入名称地点、地图指定地点或 GPS 位置为中心，查找其附近的加油站、餐厅、学校等设施。

第四节　环境影响评价预测工具

一、大气环境影响预测工具

根据《环境影响评价技术导则　大气环境》（HJ 2.2—2008）推荐的预测模式有：估算模式、进一步预测模式（ADMS、AERMOD、CALPUFF）以及大气环境防护距离模式。

1. 估算模式

① 估算模式是一种单源预测模式，可计算点源、面源和体源等污染源的最大地面浓度，以及建筑物下洗和熏烟等特殊条件下的最大地面浓度。

② 模式中嵌入了多种预设的气象组合条件，包括一些最不利的气象条件，经估算模式计算出的最大地面浓度大于进一步预测模式的计算结果。

③ 对于小于 1h 的短期非正常排放，可采用估算模式进行预测。

④ 估算模式适用于评价等级及评价范围的确定。

2. 进一步预测模式

（1）AERMOD 模式系统　可用于多种排放源（包括点源、面源和体源）排放出的污染物在短期（小时平均、日平均）、长期（年平均）的浓度分布，适用于农村或城市地区、简单地形或复杂地形、地面源和高架源等多种排放扩散情形的模拟和预测。AERMOD 考虑了建筑物尾流的影响，即烟羽下洗。模式使用每小时连续预处理气象数据模拟大于等于 1h 平均时间的浓度分布。适用于评价范围≤50km 的一级、二级评价项目。

AERMOD 包括两个预处理模式，即 AERMET 气象预处理和 AERMAP 地形预处理模式。

（2）ADMS 模式系统　ADMS 可模拟点源、面源、线源和体源等排放出的污染物在短期（小时平均、日平均）、长期（年平均）的浓度分布，还包括一个街道窄谷模型，适用于农村或城市环境、简单地形或复杂地形。模式考虑了建筑物下洗、湿沉降、重力沉降和干沉降以及化学反应等功能。ADMS 有气象预处理程序，可以用地面的常规观测资料、地表状况及太阳辐射等参数模拟基本气象参数的廓线值。在简单地形条件下，使用该模型模拟计算时，可以不调查探空观测资料。

ADMS-EIA 版适用于评价范围≤50km 的一级、二级评价项目。

（3）CALPUFF 模式系统　CALPUFF 是一个烟团扩散模型系统，可模拟三维流场随时间和空间发生变化时污染物的输送、转化和清除过程。该模式适用于从 50km 到几百千米的模拟范围，包括次层网格尺度的地形处理，如复杂地形的影响；还包括长距离模拟的计算功能，如污染物的干、湿沉降，化学转化以及颗粒物浓度对能见度的影响。

CALPUFF 适用于评价范围＞50km 的区域和规划环境影响评价等项目。

3. 大气环境防护距离计算模式

大气环境防护距离计算模式是基于估算模式开发的计算模式，主要用于确定无组织排放源的大气环境防护距离。

二、地面水预测工具

1. 地面水环评助手

地面水环评助手（EIAW）是由宁波环科院 SFS（Six Five Software，六五软件工作室）推出的环评辅助软件系统。该软件的特点是"遵守导则"，但由于不包括水动力模拟，因此一般限于简单的应用，多用于河段内的一维、二维水质预测。根据软件介绍，EIAW 以 HJT 2.3—1993《地面水环评导则》中推荐的模型和计算方法作为主要框架，内容涵盖了导则中的全部要求，包括参数估值和污染源估算。此外，EIAW 还大大拓展了导则中的内容，增加了许多实用的内容，例如可用于计算多个污染源、多个支流、流场不均匀等复杂的情况的模拟计算，动态温度数值模型，动态 SP 数值模型等。

2. EFDC（the Environmental Fluid Dynamics Code）模型

EFDC 模型是由威廉玛丽大学维吉尼亚海洋科学研究所（VIMS，Virginia Institute of Marine Science at the College of William and Mary）的 John Hamrick 等开发的三维地表水水质数学模型，可实现河流、湖泊、水库、湿地、河口和海洋等水体的水动力和水质运移过程模拟，是一个多参数有限差分模型。该模型被美国 EPA 推荐用于水环境质量模拟评估。

该模型系统包括水动力、泥沙、有毒物质、水质、底质、风浪等模块，模拟计算过程中首先完成流场计算，获得三维流速场的时空分布特征，在此基础上计算泥沙迁移、冲淤作用，进而模拟受黏性泥沙吸附影响的各水质变量动态变化过程。为更好地拟合研究区地形条件，模型在水平方向除可采用传统的直角坐标外还可在水平向使用正交曲线坐标，垂直方向采用 σ 坐标。EFDC 水动力学模块可计算如下内容：流速、示踪剂、温度、盐度、近岸羽流和漂流。水动力学模型输出变量可直接与水质、底泥迁移和毒性物质等模块耦合，作为物质运移的驱动条件。同时 EFDC 也提供了与 WASP 等软件的接口，输出可供水质模拟使用的

HYD 文件。EFDC 泥沙模块可进行多组分泥沙的模拟，根据在水体里面的迁移特征把泥沙分为悬移质和推移质；悬移质根据粒径大小分为黏性泥沙和非黏性泥沙，进而还可细分为若干组。可根据物理或经验模型模拟泥沙的沉降、沉积、冲刷及再悬浮等过程。EFDC 有毒污染物模块可以模拟各类型污染物在水体中的迁移转化过程，该模块需要研究者针对特定有毒污染物提供具体反应过程设定反应系数。EFDC 的水质模块，主要模拟水体中以藻类生长为中心的各变量间的相互关系。而底质模块模拟沉积物与水体之间的物质交换过程。

三、噪声预测工具

石家庄环安科技有限公司开发的噪声环境影响评价系统 Noisesystem 是根据《环境影响评价技术导则　声环境》（HJ 2.4—2009）构建，基于 GIS 的三维噪声影响评价系统。软件综合考虑预测区域内所有声源、遮蔽物、气象要素等在声传播过程的综合效应，最终给出符合导则的计算结果。适用于工业项目、公路项目和铁路项目环境噪声的三级、二级和一级评价。

四、环境风险预测工具

石家庄环安科技有限公司开发的"环境风险评价系统（RiskSystem）"1.2 版是在《建设项目环境风险评价技术导则》（HJ/T 169—2004）的基础上，结合安全评价中与环境风险评价关系密切的部分内容编制而成。软件将科学计算、绘图与数据库支持相结合，可用于环境风险评价与相应安全评价中，也可用于环境及安全管理部门日常管理。

软件主要分为源项分析（主要提供了 6 种事故排放模型计算）、火灾爆炸事故模型预测（主要提供了 3 个事故预测模型）和泄漏事故模型预测（主要提供了 2 个事故泄漏扩散预测，可直接预测 6 种典型泄漏事故后果）3 个功能模块。

模型具有以下特点。

① 多种分析结果。

② 同时预测不同风速、不同稳定度、不同时刻、不同下风向距离污染物浓度及多个关心点浓度，可大幅度提高工作效率。

③ 可进行点源、面源与体源模型。

④ 强大的绘图功能。采用图形批量处理的方式，可同时绘制多个预测方案的图形。预测后的图形以 emf 失量图形格式进行复制，使复制到 Word 中的图可无限放大，图形更清晰。图形采用半透明填充方式，与背景图进行叠加后更直观。背景图可自由缩放、剪裁，作图功能更灵活。

⑤ 数据库中提供了几百种物质的物化数据，可通过程序直接调用。软件采用多窗口界面，用户可在程序中进行多个方案的预测与比较。

第二篇
环境影响评价实训

第四章 环境影响评价准备阶段实训

实训一 环境影响评价编制依据

一、实训目的

① 培养学生的调研能力与资料查阅能力，体现环境影响评价的严肃性。

② 通过调研及系统地查阅资料，了解拟议中的建设项目环境影响评价应执行的相关法律法规、相关政策及规划、相关导则及技术规范、有关技术文件和工作文件，以及环境影响报告书编制中拟引用的资料等。

③ 通过现状调查、查阅资料和初步的工程分析，确定评价标准。

二、实训要求

① 研究拟议中的建设项目的技术文件，并进行实地考察。

② 查阅资料，列出环境影响评价的依据清单，包括拟议中的建设项目应执行的环境保护法律法规、环境政策与产业政策、相关规划、环境标准和规范、项目设计资料、环境影响报告书编制中需引用的资料等。

③ 必须引用环保法律法规、环境政策与产业政策、环境标准与规范、拟议中的建设项目的技术文件有效版本或最新版本，并注意其对拟议中的建设项目的适用性。

三、相关知识

环境影响评价作为一项法律制度和技术方法，必须依据相关法律法规、政策和标准开展工作。环境影响评价的编制依据包括以下内容。

1. 法律法规及相关政策

必须遵守的法律法规包括《中华人民共和国环境保护法》《中华人民共和国环境影响评价法》《建设项目环境保护管理条例》《×××省建设项目环境保护管理办法（或条例、规范等）》，其他法律法规及相关政策视项目具体内容选定。

2. 技术导则与编制规范

环境影响评价工作的开展及环评文件的编制应符合相关技术导则和编制规范要求。国家环境保护部和相关行政主管部门自1993年起依法陆续组织制定、发布、修订了一系列环境影响评价技术导则，规定了环境影响评价的基本原则、工作程序、工作等级及其划分依据、主要工作内容和环境影响评价文件的编制要求等技术性要素，是从事环境影响评价工作的重要技术指南。

目前我国的环境影响评价技术导则体系由《环境影响评价技术导则　总纲》、专项环境影响评价技术导则（包括各环境要素的环境影响评价技术导则和各专题的环境影响评价技术导则）、行业建设项目环境影响评价技术导则、规划环境影响评价技术导则 4 部分构成。《环境影响评价技术导则　总纲》规定了环境影响评价的一般性原则、内容、工作程序、方法和要求，它是其他环境影响评价技术规范的统领性标准和指导性规范，也是其他环境影响评价技术规范引用的基础标准。技术导则和编制规范视项目具体内容选定。

3. 项目技术文件

项目技术文件指项目的建议书、可行性研究报告或设计文本及其有关部门的立项依据等。如果是技改、扩建项目，还应包含已有或在建项目的环评报告及其批复文件等内容。

4. 其他依据

包括项目涉及的各类规划和保护条例、建设单位要求开展环评工作的委托书或双方签订的技术咨询协议、有关规划及土地方面的预审意见、所依托环保基础设施的环评批复、验收文件等。

5. 评价标准

评价标准主要包括环境质量标准和污染物排放标准两大类，开展环境影响评价工作时，应在明确区域水、气、声等环境功能的基础上，确定采用的标准（经项目所在地环保部门确认），也包括固废相关标准以及当地有要求的其他标准（如中水回用、绿化标准等）。

按环境功能区分别列出相应的环境质量标准和污染物排放标准（包括浓度限值、排放速率、无组织排放厂界浓度限值等）。确定评价标准时应掌握标准的适用范围和适用时限，评价标准宜用表格表示，明确标准出处及其具体的标准值。

报告书需要附有当地环保部门对环评执行标准的确认件。

四、实训内容

1. 房地产项目

某房地产开发有限责任公司已取得 K 市发展和改革委员会"关于 K 市某房地产开发有限责任公司纬二路（主干路）以北、振兴路（次干路）东侧地块商品房项目立项的批复"。项目建设前，该地块为待开发空地，本项目的建成将大大改善该地段的建筑景观，为住户提供一个理想的居住、休息场所，其配套设施（幼儿园、一定比例的商业用房）也为该区域居民提供了便利。该项目设有一定数量的地上和地下停车位，不引进餐饮项目。居民以天然气为燃料，燃烧废气及油烟废气（经家用油烟机处理）经内置烟道排放；项目南 500m 为一小河（Ⅳ类），项目废水经化粪池处理后经城市污水管网接入城市污水处理厂。

请确定编制本项目环境影响评价的依据和评价应执行的标准。

2. 公路项目

通过快速路的规划建设，加强主干路系统，实现城东新区与 N 市中心城区其他片区的便捷沟通。N 市在新一轮城市总体规划中提出了新的城市交通结构形态。本城市道路工程项目即为其中的一部分，将对城市的发展起到重要作用。本项目道路呈东西走向，全长 3200m，等级为城市主干路，红线宽度 50m，设计车速 50km/h，交叉口设计车速 25km/h。

请确定编制本项目环境影响评价的依据和评价应执行的标准。

3. 机械加工项目

某不锈钢产业投资发展有限公司拟投资 2.6 亿元，在 N 开发区经三路南，建设年产 $6×10^4t$ 不锈钢拉管、$5×10^4$ 件封头、$18×10^4$ 件弯头、$1×10^4t$ 法兰项目。该项目的建成将促进本地区经济的发展，解决当地部分居民就业问题。（开发区外）项目东北 150m 和西北 200m 有居民居住。项目原辅材料主要为钢管坯、丙烷、氧气、润滑油、钢板、钢坯、68% 硝酸、40% 氢氟酸、乳化液原液等。项目退火炉、加热炉以天然气为燃料，产生的废气经 15m 排气筒排放，酸洗废气（以 NO_2、氟化物计）经二级水吸收后 15m 排气筒排放；项目产生的少量酸洗废水经中和处理、生活污水经化粪池处理后排入某水处理有限公司处理。

请确定编制本项目环境影响评价的依据和评价应执行的标准。

4. 医药化工项目

某药业有限公司创办于 2003 年，以生产药物中间体为主导产品，主要生产间羟基苯乙酮和 DL-对甲砜基苯丝氨酸乙酯等系列产品。该公司位于基础设施完善的省级化工园区。为响应加快经济建设步伐，加大招商引资力度的号召，公司根据市场调研情况，决定在公司现有厂址投资 1200 万元，建设年产 150t 酮洛芬、1000t 溴乙烷、1000t 对甲砜基甲苯、50t 3-乙酰氧基溴苯乙酮（BAAP）、50t 2-（3-氨基-4-氯苯甲酰基）苯甲酸（CABBA）项目。（化工园区外）项目东 2000m、西北 1000m 处有居民居住，项目西北偏北 520m 为园区管委会。通过初步工程分析可知，项目生产过程中产生氯化氢、溴化氢、二氧化碳、氢气、氮气、甲醇、甲苯、氯苯、异丙醇、二氯甲烷等气体，均经适当处理后通过 15m 高排气筒排放；项目废水包括工艺废水、冲洗水、初期雨水及生活污水等，特征污染物包括二氯甲烷、异丙醇、甲苯、氯苯等，废水经厂内预处理后排入园区污水处理厂进一步处理，污水处理厂排口设在一执行 Ⅳ 类水功能的中型河流。

请确定编制本项目环境影响评价的依据和评价应执行的标准。

实训二　环境现状调查

一、实训目的
① 了解环境环境现状调查的方法和内容。
② 熟悉污染源调查与评价的方法。

二、实训要求
① 调查某企业的周围环境现状，并调查现有污染源（收集资料法）。
② 根据调查得到的污染源清单，采用等标污染负荷比法进行污染源评价。

三、相关知识

1. 现状调查的准备及方法

现状调查前应准备好一份资料调查清单、安排好调查时间，清单中应至少包括可研报告、项目和当地政府部门的有关支持文件、各项污染防治措施的依托协议等。项目位于园区的，必须调阅园区的区域环评。提前和业主方沟通，需要业主提供的有关资料请业主方协调。

环境现状调查的常见方法有三种，见表 4-1。

表 4-1　环境现状调查的方法

序号	调查方法	主要特点	主要缺点
1	资料搜集法	应用范围广、收效大、较节省人力、物力和时间	只能获得第二手材料，往往不全面，需要补充
2	现场调查法	直接获取第一手材料，可弥补搜集资料法的不足	工作量大，耗费人力、物力和时间，往往受季节、仪器设备条件的限制
3	遥感法	从整体上了解环境特点，特别是不易开展现场调查的地区的环境状况	精度不高，不适用于微观环境状况调查，受资料判读和分析技术的制约

现状调查一般以资料搜集为主，现场调查为辅。利用网络查阅有关项目所在地的资料，一般应至少搜索查阅项目所在地政府网、规划局网、经贸委网、环保局网。

2. 现状调查的内容

（1）自然环境调查的内容　自然环境调查的内容包括：地理位置［一般简要了解建设项目所处的经度、纬度、行政区位置、交通条件和周围（"四至"）情况，并附区域平面图］、地质环境（一般只需根据现有资料概要说明当地的地质概况，若建设项目较小或与地质条件无关时，地质环境状况可不了解）、地形地貌（一般只需收集现有资料）、气候与气象［一般只需收集现有资料，包括项目所在地气候类型及特征，列出平均气温、最热月平均气温、年平均气温、绝对最高气温、绝对最低气温、年均风速、最大风速、主导风向、次主导风向、年蒸发量、降水量的分布、年日照时数、灾害性天气等；对于需要开展大气环境影响预测评价的项目，应收集项目建设地区近几年各季节（月份）各风向频率、各风向下的平均风速和大气稳定度联合频率等资料］、地面水环境、地下水环境、声环境、土壤与水土流失、动植物与生态等。

根据专项评价的设置情况选择相应内容进行详细调查。

（2）社会环境调查的内容　社会环境调查的内容包括人口（少数民族）、工业、农业、能源、土地利用、交通运输等现状及相关发展规划、环境保护规划、区域公建与配套设施（供水、供热、供气等设施，区域污水处理设施，区域固废处理设施）的调查。当建设项目拟排放的污染物毒性较大时，应进行人群健康调查，并根据环境中现有污染物及建设项目将排放污染物的特征选定调查指标。

在环境调查时应特别关注环境敏感点（居民、饮用水源保护地、重要生态目标等）的调查。

3. 污染源评价的方法

污染源评价多采用等标污染负荷法，分别对水、气污染物进行评价。

（1）等标污染负荷与等标污染负荷比　污染物的等标污染负荷定义为

$$P_{ij} = \frac{C_{ij}}{C_{0ij}} Q_{ij} \qquad (4\text{-}1)$$

式中　P_{ij}——第 j 个污染源中第 i 种污染物的等标污染负荷，m^3/a；

　　　Q_{ij}——第 j 个污染源中第 i 种污染物的载体（废水或废气）年排放量，m^3/a；

　　　C_{0ij}——第 j 个污染源中第 i 种污染物的评价标准（对水为 mg/L，对气为 mg/m^3），一般取排放标准；

C_{ij}——第 j 个污染源中第 i 种污染物排放的平均质量浓度（对水为 mg/L，对气为 mg/m³）。

区域内 j 污染源（工厂）的等标污染负荷 P_n，是该污染源内污染物的等标污染负荷之和，即

$$P_n = \sum_{i=1}^{n} P_{ij} \tag{4-2}$$

区域内 i 污染物的等标污染负荷 P_m，是各污染源该污染物的等标污染负荷之和，即

$$P_m = \sum_{j=1}^{m} P_{ij} \tag{4-3}$$

区域的等标污染负荷 P 为该评价区内所有污染源的等标污染负荷之和，即

$$P = \sum_{j=1}^{m} \sum_{i=1}^{n} P_{ij} = \sum_{i=1}^{n} \sum_{j=1}^{m} P_{ij} \tag{4-4}$$

污染物占评价区的等标污染负荷比，即

$$K_i = \frac{P_m}{P} \tag{4-5}$$

污染源占评价区的等标污染负荷比，即

$$K_j = \frac{P_n}{P} \tag{4-6}$$

（2）主要污染物的确定　将污染物等标污染负荷比按大小排列，从大到小计算累计百分比，将累计百分比大于80%的污染物列为主要污染物。

（3）主要污染源的确定　将污染源等标污染负荷比按大小排列，从大到小计算累计百分比，将累计百分比大于80%的污染物列为主要污染源。

四、实训内容及记录

1. 现状调查

针对某建设项目，采用资料搜集法和现场调查法，对项目所在地的自然环境现状和社会环境现状进行调查。

2. 污染源评价

采用等标污染负荷比法进行污染源评价。

（1）大气污染源评价　详见表4-2、表4-3。

表 4-2　评价区域内大气污染源排放状况表　　　　单位：t/a

序号	企业名称	SO₂	TSP	HCl	Cl₂	甲苯
1	A	0	0	0.94	0.18	1.72
2	B	72.095	0	4.20	0	0
3	C	1.87	0	0.27	0	0.54
4	D	7.9	0.1	0.03	0	3.13
5	E	0	0	1.64	0	0.48
6	F	1.34	0.015	3.82	0	4.88
7	G	0	0	0.68	0	0

序号	企业名称	SO$_2$	TSP	HCl	Cl$_2$	甲苯
8	H	0	0	0.15	0	0
9	I	1.234	0	0	0	0
10	J	449.2	354.5	0	0	0
11	K	2.8	0.532	0.2	0.6	0
12	L	39.3	4	1.45	0	0
13	M	0	0	0	0	1.14
14	N	1.92	0	0.29	0.07	10.3
15	O	4.62	0	0.02	0	0
16	P	44.316	0	0	0	0
17	Q	2.87	25	0	0	0
18	R	0.64	0.05	0	0	0
19	S	1.02	0.35	0	0	0
20	T	0.72	0.054	0	0	0
21	U	0	0	0.9	1.3	1.9
22	V	0	0	3.6	3	0
23	W	4.18	0	0.23	0	0
24	X	0	0.225	2.575	0	0
25	Y	1.5	0	0	0	0
26	Z	1.4	0	5.75	0	0
27	AA	16	0	0	0	0
28	AB	11.9	0	0.44	0	0
29	AC	0.4	0	0.16	0	0
30	AD	19.72	0	0.73	0	0
	合计					

表 4-3　评价区大气污染源评价表　　　　　单位：m^3/a

序号	企业名称	P_{SO_2}	P_{TSP}	P_{HCl}	P_{Cl_2}	$P_{甲苯}$	$\sum P_n$	K_n/%	排序
1	A								
2	B								
3	C								
4	D								
5	E								
6	F								
7	G								
8	H								
9	I								
10	J								

序号	企业名称	P_{SO_2}	P_{TSP}	P_{HCl}	P_{Cl_2}	$P_{甲苯}$	$\sum P_n$	$K_n/\%$	排序
11	K								
12	L								
13	M								
14	N								
15	O								
16	P								
17	Q								
18	R								
19	S								
20	T								
21	U								
22	V								
23	W								
24	X								
25	Y								
26	Z								
27	AA								
28	AB								
29	AC								
30	AD								
P_m									
$K_m/\%$									
排序									

大气污染源评价（根据等标污染负荷比，指出区域主要大气污染源和主要大气污染物，并说明其等标污染负荷和等标污染负荷比）：_____

_____

_____

（2）水污染源评价 详见表4-4、表4-5。

表4-4 评价区域内各企业废水污染源排放状况表

序号	企业名称	水量/(m³/a)	COD/(t/a)	SS/(t/a)	氨氮/(t/a)	TP/(t/a)	苯胺类/(t/a)	硝基苯类/(t/a)
1	A	19114.8	18.88	4.37	0.42	0	0	0
2	B	8700	0.85	0.23	0.095	0	0	0
3	C	8100	2.317	0.85	0.09	0.011	0	0
4	D	28160	28.16	6	0.48	0.01	0	0
5	E	802.5	0.009	0	0	0	0	0
6	F	3000	3	0	0	0	0	0

序号	企业名称	水量/(m³/a)	COD/(t/a)	SS/(t/a)	氨氮/(t/a)	TP/(t/a)	苯胺类/(t/a)	硝基苯类/(t/a)
7	G	5160	5.16	0	0	0	0	0
8	H	2530.6	2.53	0	0.02	0.0076	0	0
9	I	650	0.65	0	0	0	0	0
10	G	8400	6.965	3.481	0.21	0.02	0	0
11	K	2100	0.538	0.197	0.053	0	0	0
12	L	17360	17.36	0	0	0	0	0
13	M	6600	1.46	0.84	0.03	0.003	0	0
14	N	10800	10.7	5.4	0	0	0	0
15	O	33600	15.18	7.59	0	0	0.3	0
16	P	10500	2.16	1.44	0.096	0.024	0	0
17	Q	16041	16	0	0	0	0	0
18	R	935	0.878	0	0	0	0	0
19	S	68760	27.44	12.4	0	0	0.49	0
20	T	30000	7.49	0	0	0	0	0
21	U	65400	64.1	0	0	0	0.513	1.28
22	V	9700	9.7	4.85	0.29	0.029	0	0
23	W	920	0.92	0.46	0.092	0.0027	0	0
24	X	3300	1.41	1.58	0.045	0.0054	0	0
25	Y	5700	2.4	0	0	0	0	0
26	Z	450	0.35	0.22	0	0	0	0
27	AA	23400	18.55	0	0.156	0.039	0.156	0
28	AB	37897.9	37.86	11.36	1.136	0	0.189	0.189
29	AC	5923	5.923	2.962	0.592	0.0178	0	0
30	AD	3116.93	2.79	0.094	0	0	0	0
合计								

表 4-5　区域工业废水污染源评价表　　　　　单位：m³/a

序号	企业名称	P_{COD}	P_{SS}	$P_{氨氮}$	P_{TP}	$P_{苯胺类}$	$P_{硝基苯类}$	$\sum P_n$	$K_n/\%$	排序
1	A									
2	B									
3	C									
4	D									
5	E									
6	F									
7	G									
8	H									
9	I									

序号	企业名称	P_{COD}	P_{SS}	$P_{氨氮}$	P_{TP}	$P_{苯胺类}$	$P_{硝基苯类}$	$\sum P_n$	$K_n/\%$	排序
10	G									
11	K									
12	L									
13	M									
14	N									
15	O									
16	P									
17	Q									
18	R									
19	S									
20	T									
21	U									
22	V									
23	W									
24	X									
25	Y									
26	Z									
27	AA									
28	AB									
29	AC									
30	AD									
$\sum P_m$										
$K_m/\%$										
排序										

水污染源评价（根据等标污染负荷比，指出区域主要水污染源和主要水污染物，并说明其等标污染负荷和等标污染负荷比）：_____

_____

_____

实训三　环境影响评价工作方案的制订

一、实训目的

① 培养学生的调研能力与资料查阅能力。

② 培养学生的沟通能力。

③ 培养学生综合分析问题、解决复杂问题的能力。

④ 使学生熟悉环境影响评价工作方案的内容。

9 附图

9.1 项目地理位置图

9.2 现状监测点位图（标明地表水，环境空气、噪声等监测点位）

9.3 项目周边环境敏感点图（标明具体位置及距离）

9.4 项目涉及的特殊功能区划图（饮用水水源保护区划图、自然保护区划图、生态功能区划图等）

四、实训内容

结合实际项目，编制以下环评工作方案。

1. 房地产项目环评工作方案

2. 公路项目环评工作方案

3. 机械加工项目环评工作方案

4. 化工项目环评工作方案

第五章 分析论证和预测评价阶段实训

实训四 工程分析

一、实训目的

① 使学生掌握工程分析的作用、重点、方法及内容，培养学生综合分析问题的能力。

② 通过工程分析，使学生熟悉工艺流程图软件（例如 visio、亿图等）操作及绘制方法。

③ 培养学生的工程计算能力及数据统计能力。

④ 进一步熟悉 CAD 的应用。

二、实训要求

① 认真学习《环境影响评价技术导则 总纲》（HJ 2.1—2011）中关于工程分析的内容。

② 根据项目的可行性研究报告等工程资料，从项目名称、建设性质、地址、总投资、建设规模、产品方案、项目组成、工程占地、主要经济技术指标等方面，分析该项目的基本情况（建设项目概况）。

③ 根据项目的可行性研究报告等工程资料和查阅的相关资料，分析该项目的工艺过程与产污环节，绘制污染工艺流程图和水平衡图，列表说明污染源强。

④ 根据前述的分析结果，采用适用的方法，核算并列表汇总说明该项目的污染物排放量，确定污染物排放总量指标。

⑤ 从防护距离、工程布置、敏感目标保护等方面分析该项目的总图布置方案，绘出平面布置图。

三、相关知识

1. 工程分析的含义及作用

（1）含义 环境影响评价工程分析是指对工程的一般特征、污染特征以及可能导致生态破坏的因素做全面分析。从宏观上掌握开发行动或建设项目与区域乃至国家环境保护全局的关系，从微观上为环境影响预测、评价和污染控制措施提供基础数据。

（2）作用 项目决策的主要依据之一；为环境影响评价提供基础资料；为生产工艺和环保设计提供优化建议；为环境的科学管理提供依据。

2. 化工项目工程分析

化工项目环评的一般特点是：涉及的危险物质较多、工艺流程长、工艺复杂、主副反应多、反应时往往处于高温高压等危险状态、产污环节多、污染物种类多且成分复杂、污染物源强确定困难等。因此，化工项目环境影响报告书普遍具有工作量大、难度大、编制时间长等特点，而这一特点在工程分析阶段尤为突出。

（1）基本思路 化工类项目工程分析的工作应遵循体现政策性和具有针对性的原则，基本思路：分析可行性研究报告—查找国内外与拟建项目相同或相似的生产工艺和资料—提出拟建项目存在的问题—与厂方技术人员沟通—绘制物料平衡图和水平衡图—污染源分析。

（2）研读可行性研究报告并查阅资料　接到任务，首先要认真研读项目的可行性研究报告，了解项目所涉及物料的相关性质、所采用的工艺技术路线、所采用的装置设备等，同时查阅资料，了解相关产业政策及地方要求，包括国家产业政策、地方产业政策，国家、地方对相关行业准入条件及要求的文件等。重要资料如（包括但不限于）：产业结构调整指导目录（2011年本，2013修订版）、外商投资指导目录（2011年修订）、部分工业行业淘汰落后生产工艺装备和产品指导目录（2010年版）、限制用地项目目录、禁止用地项目目录、环境保护综合目录（2014年版）、农药产业政策、纯碱行业准入条件、黄磷行业准入条件、氟化氢行业准入条件、镁行业准入条件等。

通过查阅相关资料了解该项目是否符合国家及地方产业政策，以此判断该项目在产业政策方面是否有分析的难点。

（3）主要内容

① 项目概况。根据项目可行性研究报告，主要说明建设单位的基本情况、拟建项目的名称、建设性质、建设地点、项目组成、产品方案、主要产品指标。根据项目特点，按主体工程、配套辅助公用工程分别按表5-1、表5-3填写，技改扩建工程应说明技改前后产品方案的变化，按表5-2填写。

表 5-1　新建项目主体工程及产品（含副产品）方案

序号	工程名称 （车间、生产装置或生产线）	产品名称及规格	设计能力	年运行时数

表 5-2　扩建技改项目主体工程及产品方案

序号	工程名称（车间、生产装置或生产线）	产品名称及规格	设计能力			年运行时数
			技改前	技改后	增量	

注：表 5-1、表 5-2 中产品名称栏含副产品。

表 5-3　公用及辅助工程一览表

工程类别	主要内容	设计能力	备注
贮存工程	罐区		
	氯气瓶库		
	成品仓库		
公用工程	给水		
	排水		
	蒸汽		

工程类别	主要内容	设计能力	备注
公用工程	循环冷却水		
	供电		
	绿化		
环保工程	废气处理系统		
	废水处理系统		
	清净下水		
	固废堆场		
	噪声治理		
辅助工程			
办公及生活设施			

② 生产工艺分析及原辅料、能源消耗。生产工艺分析是工程分析的基础和主体部分，根据项目立项批复、可行性研究报告等确定的工程内容分析生产工艺。化工项目在生产过程中伴有化学和物理的变化，因此首先应熟悉化学反应原理，列出化学反应原理的方程式，如果有副反应，主要的副反应方程式一并列出。详细介绍工艺流程、产排污环节。

a. 化学反应原理。通过研究拟建项目可行性研究报告，查阅资料，列表给出主要原辅材料及产品、能源的物理化学性质。原、辅材料，所需能源的名称、种类、用量、单耗、储存情况、来源、运输情况参考表 5-4 填写。主要原辅料、产品及中间产品的理化性质、毒性毒理按表 5-5 填写。概述生产的基本过程和化学原理，列出主要的化学反应的方程式，包括主反应和主要副反应，同时说明反应发生的条件（温度、压力、催化剂等）。

说明：可通过突发性污染事故中危险品档案库、有机化合物 1000 例（软件）、溶剂手册、化学品安全技术说明书（MSDS）、百度百科、www.chemicalbook.com 等查阅项目涉及物料的物化性质，注意部分物质通过不同途径查阅的内容可能有较多的不一致之处，建议通过几个途径查阅核对。

表 5-4 主要原辅料及能源消耗

产品名称	类别	名称	重要组分、规格、指标	单耗/(t/t 产品)	年耗量/(t/a)	来源及运输
	原料					
	辅料					
	燃料					
	新鲜水					
	电					
	汽					
	气					

表 5-5　主要原辅料、中间产品、产品理化特性、毒性毒理

名称	分子式	危规号	理化特性	燃烧爆炸性	毒性毒理

b. 工艺流程。工艺流程是项目物料平衡、污染源分析和污染防治可行性分析的重要依据。利用工艺路线图编制标有装备污染源分布的工艺流程图，并对工艺流程进行论述。

c. 绘制物料平衡。物料平衡是获得污染物排放途径的重要方法，其基本原理是投入某系统的物料等于该系统物质的产量和物料流失量之和。物料平衡的计算方法主要有类比法、物料衡算法和资料复用法等。根据前述化学反应原理及工艺流程图进行化学计算，根据计算结果，绘制物料平衡图，填写物料平衡表（见表 5-6）。给出每一工段的物料进出情况，并详细列出各工段进出物料的组分。对主要危险性物质、重金属及其他特征物质，须作单独平衡，绘制物料平衡图。

表 5-6　××装置（生产线）物料平衡表　　单位：kg 或 t 或 10^4t/a

序号	入方		出方				
	物料名称	数量	产品	副产品	废气	废水	固废(液)
合计							

d. 主要生产设备、公用及储运设备。按表 5-7 填写主要设备清单，技改扩项目应说明设备变化（淘汰、新增、扩容）情况。

表 5-7　主要设备清单

类型	名称	规模型号	数量/台或套	产地
生产				
公用				
贮运				

③ 公用工程及储运工程分析。公用工程主要包括用水、用热、用电、供风、供气等动力设施，重点说明各公用介质的来源并论证其供应的保证性。

水平衡是环评导则中明确的工作，据此可以核定项目废水排放情况，为水污染控制提供依据。在绘制水平衡图时，应考虑拟建项目所有方式的水，包括原辅材料带入水、反应生成水、公共工程给排水、循环水、生产生活给排水、蒸汽、凝结水、固废带出水、初期雨水等（注意：对于改扩建项目应分别绘制改扩建前后的水平衡图）。

说明各原辅材料、中间品、成品储存场所的设置情况，并分析与国家有关环保要求的符

合性。另外，还需要说明项目的物料运入量和运出量，并说明运输方式；如涉及项目新建交通道路，还应说明项目的道路建设情况。

④ 污染源分析。化工类项目具有生产工艺多样、环境影响因子复杂、污染严重等特点，其工程分析中污染源分析重点是运营期，包括正常、非正常和风险事故，退役期的污染源分析也不容忽视。

根据前面的产污环节、物料平衡、水平衡及其他配套设施的运行情况，充分利用设计资料、标定数据、类比调查资料、已经取得的同类项目环保验收数据或国家推荐的计算公式来分析计算污染物的产生情况。

a. 废气。废气排放分为有组织排放和无组织排放两种。有组织排放废气的产生工序、污染物类型、排放量、排放规律等可以通过生产工艺流程和物料平衡确定，并以表格形式对废气污染物排放源进行汇总，除污染物排放浓度外，还应列出排气筒的几何尺寸、排气量、排放方式、去向、成分及排放特征等参数。无组织排放的废气主要来源是生产设备、储存设备、管道的泄漏，露天放置的物料的散发量，各种酸雾的排放，因此，应列表逐项列出污染物名称、排放部位、排放量、排放源的尺寸等。有组织排放源强参考表 5-8，无组织排放源强参考表 5-9。

表 5-8 项目有组织废气产生及排放状况一览表

污染物		产生状况		排气量 /(m³/h)	治理措施	去除率/%	排放状况			执行标准		排放源参数			排放方式
名称	来源	浓度 /(mg/m³)	产生量 /(t/a)				浓度 /(mg/m³)	速率 /(kg/h)	排放量 /(t/a)	浓度 /(mg/m³)	速率 /(kg/h)	高度 /m	直径 /m	温度 /℃	

表 5-9 项目无组织废气产生源强

序号	污染源位置	名称	排放量/(t/a)	面源面积(长×宽)/m²	面源平均高度/m
1	生产区				
2					
3	贮存区				
4					

b. 废水。化工类项目废水的来源、排放量可通过工艺流程图、物料平衡图确定，产生的废水可以分成 3 大类：含有机物的废水，主要来自有机原料、农药、染料等行业的废水；含无机物的废水，如无机盐、氮肥、磷肥等行业排放的废水；既含有机物又含无机物的废水，如氯碱、涂料等行业排放的废水。化工废水主要来源于：反应过程生成的废水；产品生产、运输、堆放过程中经雨水冲刷形成的废水（初期雨水）；冷却水、冲洗水夹带污染物形成的废水。另外，还包括意外事故情况下泄漏的废水、消防废水等。在编写环评报告时，应对废水的 pH 值、排放量及主要污染物的排放量进行分析，并利用表格汇总拟建项目废水的排放量、排放途径以及污染物的浓度（见表 5-10）。

表 5-10　水污染物产生与排放状况

废水来源	废水量/(m³/a)	污染物名称	污染物产生量		治理措施	污染物排放量		标准浓度限值/(mg/L)	排放方式与去向
			浓度/(mg/L)	产生量/(t/a)		浓度/(mg/L)	排放量/(t/a)		

c. 噪声。化工项目的噪声主要是施工和项目正常运营时设备运转产生的,对建设项目噪声污染源汇总,汇总表(见表5-11)中只需要列出大于85dB(A)的设备名称、数量、源强、特点及分布区位。

表 5-11　主要噪声源强表

编号	设备名称	数量/台	等效声级/dB(A)	所在车间(工段)名称	治理措施	降噪效果(排放源强/dB(A)	距最近厂界距离/m
1							
2							

d. 固体废物。化工类项目固体废物产生量大、种类多且有毒物质含量高,对环境造成很大危害,尤其是具有易燃性、反应性、腐蚀性的废物会对环境构成较大的威胁。化工类项目产生的固体废物包括化学反应过程中产生的不合格产品、副产品、失效催化剂、未充分反应的原料、原料中夹带的杂质、污染控制排出的固体废弃物、事故泄漏产生的固体废物及报废的容器和工业垃圾等。

固体废物污染源分析应说明固体废物的种类、毒性类别、数量及合理利用情况和效果,并论述再资源化的可能性,见表5-12。

表 5-12　项目固体废物产生及排放源强

序号	名称	分类编号	产生量/(t/a)	性状	含水率/%	综合利用方式及数量/(t/a)	处理处置方式及其数量/(t/a)

e. 污染物排放统计汇总。对建设项目有组织与无组织、正常工况与非正常工况排放的各种污染物浓度、排放量、排放方式、排放条件与去向等进行统计汇总。

对于新建项目要求算清两本账:一是工程自身的污染物设计排放量;二是按治理规划和评价规定措施实施后能够实现的污染物削减量。两本账之差才是评价需要的污染物最终排放量(见表5-13)。

表 5-13 新建项目污染物排放量统计

类别	污染物名称	产生量	治理削减量	排放量
废水				
废气				
固体废物				

对于改扩建项目和技术改造项目的污染物排放量统计则要求算清三本账：一是改扩建与技术改造前现有的污染物实际排放量；二是改扩建与技术改造项目按计划实施的自身污染物排放量；三是实施治理措施和评价规定措施后能够实现的污染削减量。三本账之代数和方可作为评价所需的最终排放量。

技改扩建前排放量－"以新带老"削减量＋技改扩建项目排放量＝技改扩建完成后的排放量

技改扩建项目污染物排放量统计表：类别、污染物、现有工程排放量、拟建项目排放量、"以新带老"削减量、技改工程完成后总排放量、增减量变化，见表 5-14。

表 5-14 技改项目污染物排放量统计

类别	污染物名称	现有工程排放量	拟建项目排放量	"以新带老"消减量	技改完成后总排放量	增减量变化
废水						
废气						
固体废物						

注意：相对于新建项目工程分析来说，改扩建项目和技术改造项目的工程分析在对新建项目工程进行分析的基础上，还应对与新建项目有关的现有工程进行分析，说明新建工程与现有工程的依托关系，找出现有工程存在的环保问题，并提出"以新带老"措施；给出项目建成前后全厂主要污染物排放量的变化情况。

3. 生态影响型项目工程分析

(1) 导则的基本要求 《环境影响评价技术导则 生态影响》（HJ 19—2011）对生态影响型建设项目的工程分析有明确的要求。

① 工程分析内容。内容应包括：项目所处的地理位置、工程的规划依据和规划环评依据、工程类型、项目组成、占地规模、总平面及现场布置、施工方式、施工时序、运行方式、替代方案、工程总投资与环保投资、设计方案中的生态保护措施等。

② 工程分析重点。根据评价项目自身特点、区域的生态特点以及评价项目与影响区域生态系统的相互关系，确定工程分析的重点，分析生态影响的源及其强度。主要内容应包括：可能产生重大生态影响的工程行为；与特殊生态敏感区和重要生态敏感区有关的工程行

为；可能产生间接、累积生态影响的工程行为；可能造成重大资源占用和配置的工程行为。

③ 工程分析时段。导则明确要求，工程分析时段应涵盖勘察期、施工期、运营期和退役期，即应全过程分析，其中以施工期和运营期为调查分析的重点。在实际工作中，针对各类生态影响型建设项目的影响性质和所处的区域环境特点的差异，关注的工程行为和重要生态影响会有所侧重，不同阶段有不同阶段的问题需要关注和解决。

勘察设计期一般不晚于环境评价阶段结束，主要包括初勘、选址选线和工程可行性（预）研究报告。初勘和选址选线工作在进入环评阶段前已完成，其主要成果在工程可行性（预）研究报告会有体现；而工程可行性（预）研究报告与环评是一个互动阶段，环评以工程可行性（预）研究报告为基础，评价过程中发现初勘、选址选线和相关工程设计中存在环境影响问题应提出调整或修改建议，工程可行性（预）研究报告据此进行修改或调整，最终形成科学的工程可行性（预）研究报告与环评报告。

生态影响型项目施工期一般较长，时间跨度少则几个月，多则几年。对生态影响来说，施工期和运营期的影响同等重要且各具特点，施工期产生的直接生态影响一般属临时性质的，但在一定条件下，其产生的间接影响可能是永久性的。在实际工程中，施工期生态影响注重直接影响的同时，也不应忽略可能造成的间接影响。施工期是生态影响评价必须重点关注的时段。

运营期一般比施工期长得多，在工程可行性（预）研究报告中会有明确的期限要求。由于时间跨度长，该时期的生态和污染影响可能会造成区域性的环境问题，如水库蓄水会使周边区域地下水位抬升，进而可能造成区域土壤盐渍化甚至沼泽化、井工采矿时大量疏干排水可能导致地表沉降和地面植被生长不良甚至荒漠化。运营期是环评必须重点关注的时段。

退役期不仅包括主体工程的退役，也涉及主要设备和相关配套工程的退役。如矿井（区）闭矿、渣场封闭、设备报废更新等，也可能存在环境影响问题需要解决。

（2）工程分析的对象 一方面，要求工程组成要完全，应包括临时性/永久性、勘察期/施工期/运营期/退役期的所有工程；另一方面，要求重点工程突出，对环境影响范围大、影响时间长的工程和处于环境保护目标附近的工程应重点分析。

工程组成应有完善的项目组成表，一般按主体工程、配套工程和辅助工程分别说明工程位置、规模、施工和运营设计方案、主要技术参数和服务年限等主要内容。

① 主体工程一般指永久性工程，由项目立项文件确定工程主体。

② 配套工程一般指永久性工程，由项目立项文件确定的主体工程外的其他相关工程。

a. 公用工程除服务于本项目外，还服务于其他项目，可以是新建，也可以依托原有工程或改扩建原有工程，在此不包括公用的环保工程和储运工程，应分别列入环保工程和储运工程。

b. 环保工程根据环境保护要求，专门新建或依托、改扩建原有工程，其主体功能是生态保护、污染防治、节能、提高资源利用效率和综合利用等，包括公用的或依托的环保工程。

c. 储运工程指原辅材料、产品和副产品的储存设施和运输道路，包括公用的或依托的储运工程。

③ 辅助工程一般指施工期的临时性工程，项目立项文件中不一定有明确的说明，可通

过工程行为分析和类比方法确定。

重点工程分析既考虑工程本身的环境影响特点，也要考虑区域环境特点和区域敏感目标。在各评价时段内，应突出该时段存在主要环境影响的工程；区域环境特点不同，同类工程的环境影响范围和程度可能会有明显的差异；同样的环境影响强度，因与区域敏感目标相对位置关系不同，其环境影响敏感性不同。

（3）工程分析的内容

① 工程概况。介绍工程的名称、建设地点、性质、规模，给出工程的经济技术指标；介绍工程特征，给出工程特征表；交代工程项目组成及施工布置，按照工程的特点给出项目组成表，并说明工程在不同时期的主要活动内容与方式；阐述工程施工和运营设计方案，给出施工期和运营期的工程布置示意图；有比选方案时，在上述内容中均应有介绍。

应给出地理位置图、总平面布置图、施工平面布置图、物料（含土石方）平衡图和水平衡图等工程基本图件。

② 施工规划。结合工程的建设进度，介绍工程的施工规划，对与生态环境保护有重大关系的规划建设内容和施工进度要做详细介绍。

③ 生态环境影响分析。通过调查，从生态完整性和资源分配的合理性对项目建设可能造成的生态环境影响源强进行分析，包括影响的强度、范围及方式，可能定量的要给出定量数据。例如，占地类型（湿地、滩涂、耕地、林地等）与面积、植被破坏量（特别是珍稀植物的破坏量）、淹没面积、移民数量、水土流失量等均应给出量化数据。

④ 主要污染物与源强分析。生态影响型建设项目除了主要产生生态影响外，同样会有不同程度的污染影响。需给出项目建设、运营过程及退役期主要污染物（废水、废气、固体废物）的排放量及噪声发生源源强。废水按照生产废水和生活污水分别给出排放量和主要污染物的排放量；废气须给出排放点位，说明源性质（固定源、移动源、连续源、瞬时源）和主要污染物产生量；固体废物给出工程弃渣和生活垃圾的产生量；噪声则要给出主要噪声源的种类和声源强度。

对于改扩建项目，还应分析原有工程存在的环境问题，识别原有工程影响源和源强。

⑤ 替代方案。结合工程设计，主要就替代方案的生态环境影响强度，特别是量化指标与推荐方案作比较，从环境保护的角度分析工程选线、选址，推荐方案的合理性。

（4）生态影响型工程分析技术要点　按建设项目环境影响评价资质的评价范围划分，生态影响型建设项目主要包括交通运输、采掘和农林水利3大类。

根据项目特点（线型/区域型）和影响方式不同，以下选择公路、管线、航运码头、油气开采和水电项目为代表，明确工程分析技术要求。

① 公路项目。工程分析应涉及勘察设计期、施工期和运营期，以施工期和运营期为主，按环境生态、声环境、水环境、环境空气、固体废弃物和社会环境等要素识别影响源和影响方式，并估算影响源强。

勘察设计期工程分析的重点是选址选线和移民安置，详细说明工程与各类保护区、区域路网规划、各类建设规划和环境敏感区的相对位置关系及可能存在的影响。

施工期是公路工程产生生态破坏和水土流失的主要环节，应重点考虑工程用地、桥隧工程和辅助工程（施工期临时工程）所带来的环境影响和生态破坏。在工程用地分析中说明临时租地和永久征地的类型、数量，特别是占用基本农田的位置和数量；桥隧工程要说明位置、规模、施工方式和施工时间计划；辅助工程包括进场道路、施工便道、施工营地、作业场地、各类料场和废弃渣料场等，应说明其位置、临时用地类型和面积及恢复方案，不要忽略表土保存和利用问题。

施工期要注意主体工程行为带来的环境问题。如路基开挖工程涉及弃土利用和运输问题，路基填筑需要借方和运输，隧道开挖涉及弃方和爆破，桥梁基础施工底泥清淤弃渣等。

运营期主要考虑交通噪声、管理服务区"三废"、线性工程阻隔和景观等方面的影响，同时根据沿线区域环境特点和可能运输货物的种类，识别运输过程中可能产生环境污染和风险事故。

② 管线项目。工程分析应包括勘察设计期、施工期和运营期，一般管道工程主要生态影响主要发生在施工期。

勘察设计期工程分析的重点是管线路由和工艺、站场的选择。

施工期工程分析对象应包括施工作业带清理（表土保存和回填）、施工便道、管沟开挖和回填、管道穿越（定向钻和隧道）工程、管道防腐和铺设工程、站场建设和监控工程。重点明确管道防腐、管道铺设、穿越方式、站场建设工程的主要内容和影响源、影响方式，对于重大穿越工程（如穿越大型河流）和处于环境敏感区工程（如自然保护区、水源地等），应重点分析其施工方案和相应的环保措施。施工期工程分析时，应注意管道不同的穿越方式可能造成不同影响。

大开挖方式：管沟回填后多余的土方一般就地平整，一般不产生弃方问题。

悬架穿越方式：不产生弃方和直接环境影响，但存在空间、视觉干扰问题。

定向钻穿越方式：存在施工期泥浆处理处置问题。

隧道穿越方式：除隧道工程弃渣外，还可能对隧道区域的地下水和坡面植被产生影响；若有施工爆破则产生噪声、振动影响，甚至局部地质灾害。

运营期主要是污染影响和风险事故。工程分析应重点关注增压站的噪声源强、清管站的废水废渣源强、分输站超压放空的噪声源和排空废气源、站场的生活废水和生活垃圾以及相应环保措施。风险事故应根据输送物品的理化性质和毒性，一般从管道潜在的各种灾害识别源头，按自然灾害、人类活动和人为破坏3种原因造成的事故分别估算事故源强。

③ 航运码头项目。工程分析应涉及勘察设计期、施工期和运营期，以施工期和运营期为主，按水环境（或海洋环境）、环境生态、环境空气、声环境和固体废弃物等环境要素识别影响源和影响方式，并估算影响源强。

可研和初步设计期工程分析的重点是码头选址和航路选线。

施工期是航运码头工程产生生态破坏和环境污染的主要环节，重点考虑填充造陆工程、航道疏浚工程、护岸工程和码头施工对水域环境和生态系统的影响，说明施工工艺和施工布置方案的合理性，从施工全过程识别和估算影响源。

运营期主要考虑陆域生活污水，运营过程中产生的含油污水，船舶污染物和码头、航道的风险事故。海运船舶污染物（船舶生活污水、含油污水、压载水、垃圾等）的处理处置有相应的法律规定。同时，应特别注意从装卸货物的理化性质及装卸工艺分析，识别可能产生的环境污染和风险事故。

④ 油气开采项目。工程分析涉及勘察设计期、施工期、运营期和退役期 4 个时段，各时段影响源和主要影响对象存在着一定差异。

工程概况中应说明工程开发性质、开发形式、建设内容、产能规划等，项目组成应包括主体工程（井场工程）、配套工程［各类管线、井场道路、监控中心、办公和管理中心、储油（气）设施、注水站、集输站、转运站点、环保设施、供水、供电、通讯等］和施工辅助工程，分别给出位置、占地规模、平面布局、污染设施（设备）和使用功能等相关数据和工程总体平面图、主体工程（井位）平面布置图、重要工程平面布置图和土石方、水平衡图等。

勘察设计时段工程分析以探井作业、选址选线和钻井工艺、井组布设等作为重点。井场、站场、管线和道路布设的选择要尽量避开环境敏感区域，应采用定向井或丛式井等先进钻井及布局，其目的均是从源头上避免或减少对环境敏感区域的影响；而探井作业是勘察设计期主要影响源，勘探期钻井防渗和探井科学封堵有利于防止地下水串层，保护地下水。

施工期，土建工程的生态保护应重点关注水土保持、表层保存和回复利用、植被恢复等措施；对钻井工程更应注意钻井泥浆的处理处置、落地油处理处置、钻井套管防渗等措施的有效性，避免土壤、地表水和地下水受到污染。

运营期以污染影响、事故风险分析和识别为主。按环境要素进行分析，重点分析含油废水、废弃泥浆、落地油、油泥的产生点，说明其产生量、处理处置方式和排放量、排放去向。对滚动开发项目，应按"以新带老"的要求，分析原有污染源并估算源强。风险事故应考虑到钻井套管破裂、井场和站场漏油（气）、油气罐破损和油气管线破损等而产生泄漏、爆炸和火灾的情形。

退役期主要考虑封井作业。

⑤ 水电项目。工程分析应涉及勘察设计期、施工期和运营期，以施工期和运营期为主。

勘察设计期工程分析以坝体选址选型、电站运行方案设计合理性和相关流域规划的合理性为主。移民安置也是水利工程特别是蓄水工程设计时应考虑的重点。

施工期工程分析，应在掌握施工内容、施工量、施工时序和施工方案的基础上，识别可能引发的环境问题。

运营期的影响源应包括水库淹没高程及范围、淹没区地表附属物名录和数量、耕地和植被类型与面积、机组发电用水及梯级开发联合调配方案、枢纽建筑布置等方面。

运营期生态影响识别时应注意，水库、电站运行方式不同，运营期生态影响也有差异：对于引水式电站，厂址间段会出现不同程度的脱水河段，其水生生态、用水设施和景观影响较大。对于日调节水电站，下泄流量、下游河段河水流速和水位在日内变化较大，对下游河道的航运和用水设施影响明显。对于年调节电站，水库水温分层相对稳定，下泄河水温度相对较低，对下游水生生物和农灌作物影响较大。对于抽水蓄能电站，上库区域易造成区域景观、旅游资源等影响。

环境风险主要是水库库岸侵蚀、下泄河段河岸冲刷引发塌方，甚至诱发地震。

四、实训内容

1. 年产 500t 乙腈项目

某化工有限公司（占地 10000m^2）位于南方某城市的化工园区，周围 500m 范围内无敏感目标。化工园区基础设施完善，对外交通发达。该公司现有 30000t/a 三氯化磷、3000t/a

间、对、邻硝基氯化苯项目，为扩大企业规模，促进生产，经过充分的市场调研，公司决定建设合成 500t/a 乙腈生产线。

现有 30000t/a 三氯化磷、3000t/a 间、对、邻硝基氯化苯项目已通过验收，污染物产排情况见表 5-15。

表 5-15　现有项目污染物排放状况表　　　　　　　　　　　　单位：t/a

种类	污染物名称		产生量/(t/a)	排放量/(t/a)	排放浓度/(mg/L)	防治措施
废水	废水量/(m³/a)		2622	2622	—	进入厂区污水处理站集中处理，达到污水处理厂接管标准后送园区污水处理厂集中处理
	COD		0.952	0.254	96.7	
	SS		0.515	0.091	34.7	
	氨氮		0.0172	0.0172	6.0	
废气有组织排放	锅炉废气	SO₂	43.68	43.68		20m 高排气筒集中排放
		烟尘	143.7	9.01		
	工艺废气	HCl	0.0012	0.0012		15m 高排气筒集中排放
		氯苯类	0.0025	0.0025		15m 高排气筒集中排放
固废	生活垃圾		15	0		委托环卫部门处理
	煤渣		1000	0		外售
	水处理污泥		1	0		委托有资质单位处理

由于园区已实现集中供热，要求原有项目锅炉停用，采用园区热电厂蒸汽供热，为进一步保护水环境，园区污水处理厂接纳污水的标准已提标，COD 的接管标准由 1000mg/L 改为 500mg/L。

现有项目给排水平衡见图 5-1。

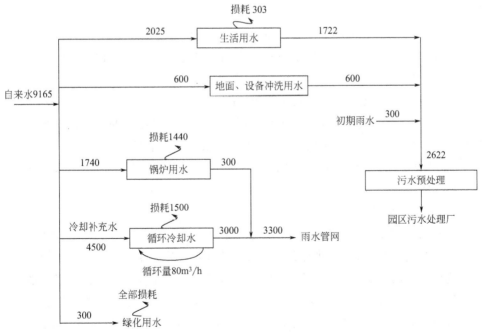

图 5-1　现有项目给、排水平衡（单位：m³/a）

拟建项目采用冰醋酸与尿素反应生成乙酰胺，再由乙酰胺与五氧化二磷反应生成乙腈产品。其生产工艺及污染物产生点位见图5-2。

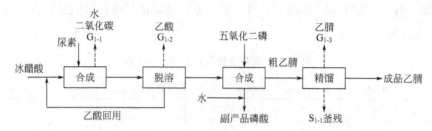

图 5-2 500t/a 乙腈项目生产工艺流程图

（G_n—废气污染物、S_n—固体废弃物）

项目所涉及物料规格及用量见表5-16。

表 5-16 项目主要原、辅材料、产品表

名称	规格	消耗量或产量/(t/a)	最大贮量/t	物质形态	储存方式
尿素	≥98.5%	392.2	13	固体	袋装
冰醋酸	≥99.5%	800	26.7	液体	桶装
五氧化二磷	≥98.5%	582.2	20	固体	袋装
乙腈	≥99.6%	500	20	液体	桶装
水		250		液体	供水管网

项目需新增职工人数20人，当地年均暴雨强度为 1.36×10^{-5} $m^3/(m^2 \cdot s)$，年平均暴雨次数约30次，本项目贮罐区、生产区及运输道路总面积约为3000m^2，初期降雨时间取15min，项目真空系统和冷却系统利用现有工程。本项目实行清污分流。

根据以上材料，完成以下工程分析的内容。

① 分析现有项目存在的环境问题，并提出"以新带老"措施。

② 查阅资料，列表给出主要原辅材料及产品的物化性质。写出化学反应方程式，并进行化学计算，绘出物料平衡图；计算用水量和排水量，绘制水平衡图。

③ 针对工艺过程产生的废气，提出防治措施。

④ 对建设项目有组织与无组织、正常工况与非正常工况排放的各种污染物浓度、排放量、排放方式、排放条件与去向等进行统计汇总，给出"三本账"汇总表。

⑤ 绘制平面布置图，图中标注比例尺、风向标、风险源、排气筒、污水处理区域、固废暂存场所、噪声源。

2. 机械加工项目

某机械有限公司拟在 A 省滨海经济开发区征用土地 520 亩，用于建设升降式液动系列节流压井管汇及油田钻井 LE 系列泥浆气体分离器项目，形成年产 10000 台（套）升降式液动系列节流压井管汇和 15000 台（套）油田钻井 LE 系列泥浆气体分离器的生产能力。项目建成后，年可实现销售收入 25 亿多元，年新增利润总额 2 亿多元。本项目职工人数为 1925人，其中管理及技术人员 115 人，操作人员 1810 人。年工作日 300d，24h/d，四班三运转制。

年产 1 万台升降式液动系列节流压井管汇项目及油田钻井 LE 系列泥浆气体分离器项目工艺流程及产污图如图 5-3、图 5-4。

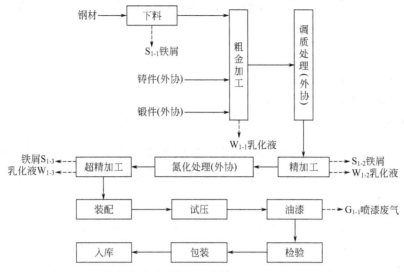

图 5-3 升降式液动系列节流压井管汇项目工艺流程及产污图

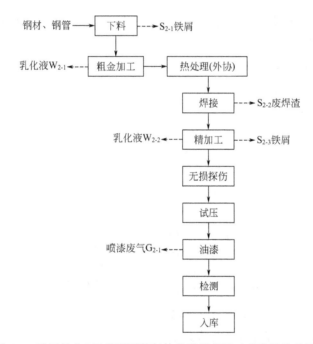

图 5-4 油田钻井 LE 系列泥浆气体分离器项目工艺流程及产污图

注：G_n—废气污染物、W_n—水污染物、S_n—固体废物。

项目采用环保防锈漆（580t/a），机加工使用进口高级切削液（18t/a），按原液：水＝1：9 稀释，乳化液经多次循环使用后容易发臭需部分外排，根据对同类企业的调查，项目乳化液废水每年排放量为 150t/a，据同类企业调查切削废废液水质情况为：COD_{cr} 约 35000mg/L，油类约 1800mg/L，SS 约为 300mg/L。项目还产生生活污水、地面冲洗水。

根据以上材料，给出项目概况，查阅资料，通过类比的方法，分析确定项目的污染源强，并提出污染防治措施，核算项目的"三本账"。

实训五　环境现状评价

一、实训目的

① 熟悉环境监测报告的内容。

② 掌握环境质量现状评价的方法。

二、实训要求

根据现状调查和现状监测的结果，对照相应的环境标准，采用标准指数法对拟建项目所在地的环境（地表水环境、大气环境等）质量现状进行评价。

三、相关知识

根据环境现状监测报告、统计数据，给出各因子监测值的变化范围及平均值，对大气环境、地表水环境现状采用单因子指数法进行评价，若出现超标，则计算超标率、最大超标倍数，分析超标原因。

$$P_i = C_i / C_{si} \tag{5-1}$$

式中　P_i——i 因子的标准指数（在实际工作中，大气现状评价的指数采用 P，而地表水的评价指数采用 S）；

　　　C_i——i 因子的监测值；

　　　C_{si}——i 因子的标准值。

pH 值的标准指数为：

$$S_{\mathrm{pH},j} = \frac{7.0 - pH_j}{7.0 - pH_{\mathrm{sd}}} \qquad pH_j \leqslant 7.0 \tag{5-2}$$

$$S_{\mathrm{pH},j} = \frac{pH_j - 7.0}{pH_{\mathrm{su}} - 7.0} \qquad pH_j > 7.0 \tag{5-3}$$

DO 的标准指数为：

$$S_{\mathrm{DO},j} = \frac{|DO_{\mathrm{f}} - DO_j|}{DO_{\mathrm{f}} - DO_{\mathrm{s}}} \qquad DO_j \geqslant DO_{\mathrm{s}} \tag{5-4}$$

$$S_{\mathrm{DO},j} = 10 - 9\frac{DO_j}{DO_{\mathrm{s}}} \qquad DO_j \leqslant DO_{\mathrm{s}} \tag{5-5}$$

$$DO_{\mathrm{f}} = 458/(31.6 + T)$$

式中　$S_{\mathrm{pH},j}$——监测点 j 的 pH 值标准指数；

　　　pH_j——监测点 j 的 pH 值；

　　　pH_{sd}——水质标准中规定的 pH 值下限；

　　　pH_{su}——水质标准中规定的 pH 值上限；

　　　$S_{\mathrm{DO},j}$——监测点 j 的 DO 值标准指数；

　　　DO_j——监测点 j 的 DO 值；

　　　DO_{f}——某温度下的饱和溶解氧值；

　　　DO_{s}——溶解氧标准值。

四、实训内容及记录

根据给定的监测报告,进行大气、地表水环境质量现状评价。

1. 大气环境现状评价

详见表 5-17、表 5-18。

表 5-17 大气环境现状监测结果汇总表

测点编号	污染物名称	小时浓度			日均浓度		
		变化范围 /(mg/Nm³)	超标率 /%	最大超标倍数	变化范围 /(mg/Nm³)	超标率 /%	最大超标倍数
G1	甲苯						
	SO₂						
	NO₂						
	PM₁₀						
G2	甲苯						
	SO₂						
	NO₂						
	PM₁₀						
G3	甲苯						
	SO₂						
	NO₂						
	PM₁₀						

表 5-18 各污染因子评价指数表

监测点	各因子的标准指数			
	$P_{甲苯}$	P_{SO_2}	P_{NO_2}	$P_{PM_{10}}$
G1				
G2				
G3				

大气环境质量现状评价:＿＿＿＿＿＿＿＿＿＿＿＿＿＿＿＿＿＿＿＿＿＿＿＿＿＿＿＿＿＿＿＿＿＿＿＿＿

＿＿＿

2. 地表水环境现状评价

详见表 5-19、表 5-20。

表 5-19 水质监测结果汇总表

监测点位	监测时段	监测项目							
		pH	COD /(mg/L)	SS /(mg/L)	NH₃-N /(mg/L)	TP /(mg/L)	苯胺类 /(mg/L)	硝基苯类 /(mg/L)	DO /(mg/L)
S1	上午								
	下午								
	平均值								

监测点位	监测时段	监测项目							
		pH	COD /(mg/L)	SS /(mg/L)	NH₃-N /(mg/L)	TP /(mg/L)	苯胺类 /(mg/L)	硝基苯类 /(mg/L)	DO /(mg/L)
S2	上午								
	下午								
	平均值								
S3	上午								
	下午								
	平均值								

表 5-20 水环境质量评价标准指数表

监测断面	单项水质参数的评价指标($S_{i,j}$)							
	pH	COD	SS	NH₃-N	TP	苯胺类	硝基苯类	DO
S1								
S2								
S3								

地表水环境质量现状评价：＿＿＿＿＿＿＿＿＿＿＿＿＿＿＿＿＿＿＿＿＿＿

实训六　大气环境影响预测与评价

一、实训目的

① 使学生熟悉大气环境影响预测所需要的气象条件（对于非平坦地形，还包括地形数据）和污染源参数。

② 使学生熟悉大气环境影响评价工作等级及评价范围的确定依据。

③ 培养学生的计算机应用能力和综合分析问题能力。

④ 使学生熟练掌握大气环境影响预测模式的应用。

二、实训要求

① 认真学习《环境影响评价技术导则　大气环境》（HJ 2.2—2008）。

② 采用《环境影响评价技术导则　大气环境》（HJ 2.2—2008）推荐模式清单中的模式进行预测，并根据预测结果进行影响评价。

三、相关知识

1. 大气环境影响评价工作等级

（1）评价工作等级的确定方法　《环境影响评价技术导则　大气环境》（HJ 2.2—2008）规定，根据项目的初步工程分析结果，选择正常排放的1～3种主要污染物及它们的排放参数，采用估算模式分别计算每一种污染物的最大地面浓度占标率 P_i（第 i 个污染物）及该污染物的地面浓度达标准限值10%时所对应的最远距离 $D_{10\%}$，然后按评价工作分级判据进行分级（见表5-21）。

P_i 定义为

$$P_i = \frac{C_i}{C_{0i}} \times 100\% \qquad (5-6)$$

式中 P_i——第 i 个污染物的最大地面浓度占标率，%；

C_i——采用估算模式计算出的第 i 个污染物的最大地面浓度，mg/m^3；

C_{0i}——第 i 个污染物的环境空气质量标准，mg/m^3；

C_{0i}——一般选用 GB 3095 中 1h 平均取样时间的二级标准的浓度限值。对于没有小时浓度限值的污染物，可取日均浓度限值的 3 倍值。对该标准中未包含的污染物，可参照 TJ 36 中的居住区大气中有害物质的最高容许浓度的一次浓度限值。如已有地方标准，应选用地方标准中的相应值。对某些上述标准中都未包含的污染物，可参照国外有关标准选用，但应作出说明，报环保主管部门批准后执行。

表 5-21　大气环境影响评价工作分级判据

评价工作等级	分级判据
一级	$P_{max} \geqslant 80\%$ 且 $D_{10\%} \geqslant 5km$
二级	其他
三级	$P_{max} < 10\%$ 或 $D_{10\%} <$ 污染源距厂界最近距离

评价工作等级的确定还应符合以下规定。

① 同一项目有多个（2 个以上，含 2 个）污染源排放同一种污染物时，则按各污染源分别确定其评价等级，并取评价级别最高者作为项目的评价等级。

② 对于高耗能行业的多源（2 个以上，含 2 个）项目，评价等级应不低于二级。

③ 对于建成后全厂的主要污染物排放总量都有明显减少的改建、扩建项目，评价等级可低于一级。

④ 如果评价范围内包含一类环境空气质量功能区，或评价范围内主要评价因子的环境质量已接近或超过环境质量标准，或项目排放的污染物对人体健康或生态环境有严重危害的特殊项目，评价等级一般不低于二级。

⑤ 对于以城市快速路、主干路等城市道路为主的新建、扩建项目，应考虑交通线源对道路两侧环境保护目标的影响，评价等级应不低于二级。

⑥ 对于公路、铁路等项目，应分别按项目沿线主要集中式排放源（如服务区、车站等大气污染源）排放的污染物计算其评价等级。

（2）不同评价等级的预测要求　一级、二级评价应选择导则推荐模式清单中的进一步预测模式进行大气环境影响预测工作。三级评价可不进行大气环境影响预测工作，直接以估算模式的计算结果作为预测与分析依据。

2. 大气环境影响评价范围

① 根据项目排放污染物的最远影响范围确定项目的大气环境影响评价范围，即以排放源为中心点，以 $D_{10\%}$ 为半径的圆或 $2 \times D_{10\%}$ 为边长的矩形作为大气环境影响评价范围。

② 当最远距离超过 25km 时，确定评价范围为半径 25km 的圆形区域，或边长 50km 矩

形区域。

③ 评价范围的直径或边长一般不应小于 5km。

④ 对于以线源为主的城市道路等项目，评价范围可设定为线源中心两侧各 200m 的范围。

3. 常规气象资料的调查内容

常规气象观测资料包括常规地面气象观测资料和常规高空气象探测资料。

对于各级评价项目，均应调查评价范围 20 年以上的主要气候统计资料。包括年平均风速和风向玫瑰图、最大风速与月平均风速、年平均气温、极端气温与月平均气温、年平均相对湿度、年均降水量、降水量极值、日照等。

对于一级、二级评价项目还应调查逐日、逐次的常规气象观测资料及其他气象观测资料。三级项目不必。

（1）地面气象观测资料 根据不同评价等级预测精度要求及预测因子特征，可选择调查的观测资料的内容见表 5-22。

表 5-22 地面气象观测资料内容

名称	单位	名称	单位
年		湿球温度	℃
月		露点温度	℃
日		相对湿度	%
时		降水量	mm/h
风向	度（方位）	降水类型	
风速	m/s	海平面气压	hPa
总云量	十分量	观测站地面气压	hPa
低云量	十分量	云底高度	km
干球温度	℃	水平能见度	km

（2）常规高空气象探测资料 一般应至少调查每日 1 次（北京时间 08 点）距地面 1500m 高度以下的高空气象探测资料。观测资料的常规调查项目见表 5-23。

表 5-23 常规高空气象探测资料内容

名称	单位	名称	单位
年		高度	m
月		干球温度	℃
日		露点温度	℃
时		风速	m/s
探空数据层数		风向（以角度或按 16 个方位表示）	度（方位）
气压	hPa		

4. 预测评价内容

根据评价工作等级，按照导则要求确定预测内容。

四、实训内容

1. 背景资料

某新建项目，拟建厂址位于平原地区，周围地形条件属简单地形，项目主要大气污染源为锅炉烟囱及工艺废气，锅炉烟囱和工艺废气排气筒距离最近厂界分别为200m和300m，各污染源排放清单见表5-24。周围主要敏感目标分布见表5-25（省略了敏感点与污染源的相对位置示意图）。

表 5-24　大气污染物排放源强（有组织）

污染源 （坐标）	污染物 名称	排气筒高度 /m	出口内径 /m	烟气排放速率/(m³/s)	烟气排放温度/K	出口处环境温度/K	正常排放速率/(kg/h)	非正常排放速率/(kg/h)
1# 排气筒 (6,10)	甲苯	15	0.40	2.765	293	293	0.057	1.143
	乙酸			2.765	293	293	0.003	0.057
2# 排气筒 (0,0)	SO_2	70	2	24	393	293	56.16	140.4
	NO_2			24	393	293	50.04	125.1

表 5-25　主要敏感点

序号	敏感点	坐标	基本信息及所属功能区
1	A村	(−230,−750)	约1800人；二类
2	B村	(395,290)	约850人；二类

2. 要求

① 根据给定项目的大气污染源强，采用《环境影响评价技术导则　大气环境》（HJ 2.2—2008）推荐模式清单中的估算模式进行预测，根据估算结果确定大气环境影响评价等级，从而确定是否需要采用预测模式进一步进行预测。

② 如需进一步预测，采用进一步预测模式（AERMOD模式），根据项目所在地气象数据和给定的大气污染源强进行预测，预测计算点包括评价范围内的环境保护目标、评价区域内的网格点和最大落地浓度点，区域预测网格间隔取50m，要求预测出小时最大落地浓度、日均最大落地浓度、年平均浓度，并绘出半径2.5km范围内的小时浓度等值线图。

③ 根据预测结果及现状监测数据（如有），对照相应环境标准，进行大气环境影响评价。

3. 实训记录及分析评价

（1）采用估算模式计算结果　详见表5-26。

表 5-26　估算结果

距源中心下风向 距离 D/m	甲苯		乙酸		SO_2	
	下风向预测浓度 C_{ij}/(mg/m³)	浓度占标率 P_{ij}/%	下风向预测浓度 C_{ij}/(mg/m³)	浓度占标率 P_{ij}/%	下风向预测浓度 C_{ij}/(mg/m³)	浓度占标率 P_{ij}/%
100						
...						
2500						
最大落地浓度 /(mg/m³)						
$D_{10\%}$/m						

评价等级及评价范围确定：_____

_____

（2）进一步预测模式结果记录及预测评价　详见表5-27、表5-28。

表 5-27　正常排放各污染物预测结果

污染物	预测点	小时最大浓度					日均最大浓度					年均最大浓度				
		预测浓度/(mg/m³)	背景浓度/(mg/m³)	叠加浓度/(mg/m³)	占标率/%	达标情况	预测浓度/(mg/m³)	背景浓度/(mg/m³)	叠加浓度/(mg/m³)	占标率/%	达标情况	预测浓度/(mg/m³)	背景浓度/(mg/m³)	叠加浓度/(mg/m³)	占标率/%	达标情况
甲苯	A村															
	B村															
	区域最大浓度点															
	浓度标准															
乙酸	A村															
	B村															
	区域最大浓度点															
	浓度标准															
二氧化硫	A村															
	B村															
	区域最大浓度点															
	浓度标准															

表 5-28　非正常排放情况预测结果表

污染物	预测点	小时最大浓度				日均最大浓度				年均浓度		
		预测浓度/(mg/m³)	占标率/%	出现位置/(m,m)	出现时刻	预测浓度/(mg/m³)	占标率/%	出现位置/(m,m)	出现时刻	预测浓度/(mg/m³)	占标率/%	出现位置/(m,m)
甲苯	A村											
	B村											
	区域最大浓度点											
	浓度标准											
乙酸	A村											
	B村											
	区域最大浓度点											
	浓度标准											

大气环境影响评价：_____

_____
_____

（3）大气环境防护距离确定　详见表 5-29。

表 5-29　大气环境防护距离计算参数及计算结果

污染物名称	污染源位置	面源有效高度/m	面源宽度/m	面源长度/m	污染物产生量/(t/a)	小时评价标准（或一次值）	大气环境防护距离/m
甲苯	贮罐区	6.5	约 6	约 6	0.12		
硫酸雾		6.5	约 6	约 6	0.06		
甲苯	生产区	3.0	约 36	约 142	0.10		
硫酸雾		3.0	约 36	约 142	0.04		

（4）大气环境影响评价小结：_____

_____

_____

实训七　地表水环境影响评价

一、实训目的

① 熟悉地表水环境影响预测所需要的水文条件和污染源参数。

② 掌握地表水环境影响预测模式的应用。

③ 培养计算机应用能力和综合分析问题的能力。

二、实训要求

① 认真学习《环境影响评价技术导则　地面水环境》（HJ/T 2.3—93）。

② 依据《环境影响评价技术导则　地面水环境》（HJ/T 2.3—93）和给定的项目污水排放源强，确定项目地面水环境影响评价等级。

③ 采用《环境影响评价技术导则　地面水环境》（HJ/T 2.3—93）中的预测模式进行预测，并根据预测结果进行地面水环境影响评价。

④ 对于项目废水接入污水处理厂进一步处理的项目，分析接管可行性。

三、相关知识

1. 地面水环境影响评价工作等级

按照《环境影响评价技术导则　地面水环境》（HJ/T 2.3—93）规定，地表水环境影响评价工作等级的划分主要根据建设项目的污水排放量、污水水质的复杂程度、受纳污水地面水域的规模以及对它的水质要求，将地面水环境影响评价工作分为三级。其中，一级评价要求最高，三级评价要求较低。地面水环境影响评价分级判据见表 5-30。

表 5-30　地面水环境影响评价分级判据

建设项目污水排放量/(m³/d)	建设项目污水水质的复杂程度	一级		二级		三级	
		地面水域规模（大小规模）	地面水水质要求（水质类别）	地面水域规模（大小规模）	地面水水质要求（水质类别）	地面水域规模（大小规模）	地面水水质要求（水质类别）
≥20000	复杂	大	I～III	大	IV、V		
		中、小	I～IV	中、小	V		
	中等	大	I～III	大	IV、V		
		中、小	I～IV	中、小	V		
	简单	大	I、II	大	III～V		
		中、小	I～III	中、小	IV、V		
<20000 ≥10000	复杂	大	I～III	大	IV、V		
		中、小	I～IV	中、小	V		
	中等	大	I、II	大	III、IV	大	V
		中、小	I、II	中、小	III～V		
	简单			大	I～III	大	IV、V
		中、小	I	中、小	II～IV	中、小	V
<10000 ≥5000	复杂	大、中	I、II	大、中	III、IV	大、中	V
		小	I、II	小	III、IV	小	V
	中等			大、中	I～III	大、中	IV、V
		小	I	小	II～IV	小	V
	简单			大、中	I、II	大、中	III～V
				小	I～III	小	IV、V
<5000 ≥1000	复杂			大、中	I～III	大、中	IV、V
		小	I	小	II～IV	小	V
	中等			大、中	I、II	大、中	III～V
				小	I～III	小	IV、V
	简单					大、中	I～IV
				小	I	小	II～V
<1000 ≥200	复杂					大、中	I～IV
						小	I～V
	中等					大、中	I～IV
						小	I～V
	简单					中、小	I～IV

表 5-30 中，对应地面水环境影响评价等级判别准则，各判别依据对应的说明见表 5-31。

表 5-31 各判别依据对应的说明

评价等级判别依据	具体内容		说　明
污水排放量	单位：m³/d	≥20000	污水排放量中不包括间接冷却水、循环水以及其他含污染物极少的清净下水的排放量,但包括含热量大的冷却水的排放量
		<20000 ≥10000	
		<10000 ≥5000	
		<5000 ≥1000	
		<1000 ≥200	
污水水质的复杂程度	按污水中拟预测的污染物类型以及其类污染物中水质参数的多少划分为复杂、中等和简单3类	复杂	污染物类型数≥3,或者只含有两类污染物,但需预测其浓度的水质参数数目≥10
		中等	污染物类型数＝2,且需预测其浓度的水质参数数目<10;或只含有一类污染物,但需预测其浓度的水质参数数目≥7
		简单	污染物类型数＝1,需预测浓度的水质参数数目<7
		污染物类型	分为4种:持久性污染物、非持久性污染物、酸碱污染和废热
		水质参数	参见各行业推荐特征参数表
评价等级判别依据	具体内容		建设项目排污口附近河段的多年平均流量或平水期平均流量
地面水规模	河流与河口	大河	≥150m³/s
		中河	15~150m³/s
		小河	<15m³/s
	湖泊和水库	平均水深≥10m 大湖(库)	≥25km²
		平均水深≥10m 中湖(库)	2.5~25km²
		平均水深≥10m 小湖(库)	<2.5km²
		平均水深<10m 大湖(库)	≥50km²
		平均水深<10m 中湖(库)	5~50km²
		平均水深<10m 小湖(库)	<5km²
地面水水质要求	以 GB 3838 为依据。目前以 2002 年新修订的标准为依据。该标准将地面水环境质量分为 5 类。如受纳水域的实际功能与该标准的水质分类不一致时,由当地环保部门对其水质提出具体要求		

具体应用上述划分原则时,可根据我国南、北方以及干旱、湿润地区的特点进行适当调整。

2. 河流常用数学模式

水质预测模式有很多种,分类方法也多种多样,其中,从空间尺度可以分为零维、一维、二维、三维模式。零维模型用于最简单、理想状态下的水质预测;一维模型用于断面平均流量等断面平均参数,并考虑参数在纵向方向上的变化;二维模型不仅具有一维的特点,同时还考虑在横向方向上的参数变化;三维模型用"点"流量参数,不仅考虑纵、横两个方向上的参数变化,还考虑垂直方向上的变化。

（1）河流完全混合模式（零维模型）与适用条件

$$c=(c_pQ_p+c_hQ_h)/(Q_p+Q_h) \tag{5-7}$$

式中　c——完全混合的水质浓度，mg/L；

　　　Q_p——污水排放量，m^3/s；

　　　c_p——污染物排放浓度，mg/L；

　　　Q_h——上游来水流量，m^3/s；

　　　c_h——上游来水污染物浓度，mg/L。

模型适用条件：①河流充分混合段；②持久性污染物；③河流为恒定流动；④废水连续稳定排放。

（2）河流的一维稳态模式与使用条件

$$c=c_0\exp\left[-(K_1+K_3)\frac{x}{86400u}\right] \tag{5-8}$$

式中　c——计算断面的污染物浓度，mg/L；

　　　c_0——计算初始点污染物浓度，mg/L；

　　　K_1——污染物的衰减系数，1/d；

　　　K_3——污染物的沉降系数，1/d；

　　　u——河流流速，m/s；

　　　x——从计算初始点到下游计算断面的距离，m。

适用条件：①河流充分混合段；②非持久性污染物；③河流为恒定河流；④废水连续稳定排放。

对于持久性污染物，在沉降作用明显的河流中，可以采用沉降系数 K_3 代替上式中（$K+K_3$）来预测持久性污染物浓度的沿程变化。

（3）河流二维稳态混合模式与使用条件

岸边排放：

$$c(x,y)=c_h+\frac{c_pQ_p}{H\sqrt{\pi M_yxu}}\left\{\exp\left(-\frac{uy^2}{4M_yx}\right)+\exp\left[-\frac{u(2B-y)^2}{4M_yx}\right]\right\} \tag{5-9}$$

非岸边排放：

$$c(x,y)=c_h+\frac{c_pQ_p}{2H\sqrt{\pi M_yxu}}\left\{\exp\left(-\frac{uy^2}{4M_yx}\right)+\exp\left[-\frac{u(2a+y)^2}{4M_yx}\right]+\exp\left[-\frac{u(2B-2a-y)^2}{4M_yx}\right]\right\}$$

$$\tag{5-10}$$

式中　H——平均水深，m；

　　　B——河流宽度，m；

　　　a——排放口与岸边的距离，m；

　　　M_y——横向混合系数，m^2/s；

　　　x,y——笛卡尔坐标系的坐标，m。

适用条件：①平直、断面形式规则河流混合过程段；②持久性污染物；③河流为恒定河流；④连续稳定排放。

对于非持久性污染物，需采用相应的衰减模式。

（4）河流二维稳态混合累积流量模式与使用条件

岸边排放：

$$c(x,q)=c_h+\frac{c_p Q_p}{\sqrt{\pi M_q x}}\left\{\exp\left(-\frac{q^2}{4M_q x}\right)+\exp\left[-\frac{(2Q_h-q)^2}{4M_q x}\right]\right\} \qquad (5\text{-}11)$$

$$q=Huy$$

$$M_q=H^2 u M_y$$

式中　$c(x,q)$——(x,q) 处污染物垂向平均浓度，mg/L；

$\quad$ M_q——累积流量坐标系下的横向混合系数；

$\quad$ x,q——累积流量坐标系的坐标。

适用条件：①弯曲河流、断面形状不规则河流混合过程段；②持久性污染物；③河流为恒定河流；④连续稳定排放；⑤对于非持久性污染物，需要采用相应的衰减模式。

（5）Streeter-Phelps（S-P）模式

$$c=c_0\exp\left(-K_1\frac{x}{86400u}\right) \qquad (5\text{-}12)$$

$$D=\frac{K_1 c_0}{K_2-K_1}\left[\exp\left(-K_1\frac{x}{86400u}\right)-\exp\left(-K_2\frac{x}{86400u}\right)\right]+D_0\exp\left(-K_2\frac{x}{86400u}\right)$$

$$(5\text{-}13)$$

$$x_c=\frac{86400u}{K_2-K_1}\ln\left[\frac{K_2}{K_1}\left(1-\frac{D_0}{c_0}\frac{K_2-K_1}{K_1}\right)\right] \qquad (5\text{-}14)$$

$$D_0=(D_p Q_p+D_h Q_h)/(Q_p+Q_h) \qquad (5\text{-}15)$$

式中　D——亏氧量，即饱和溶解氧浓度与溶解氧浓度的差值，mg/L；

$\quad$ D_0——计算初始断面亏氧量，mg/L；

$\quad$ K_2——大气复氧系数，1/d；

$\quad$ x_c——最大氧亏点到计算初始点的距离，m。

适用条件：①河流充分混合段；②污染物为好氧性有机污染物；③需要预测河流溶解氧状态；④河流为恒定河流；⑤污染物连续稳定排放。

（6）河流混合过程段与水质模式选择　在利用数学模式预测河流水质时，充分混合段可以采用一维模型或零维模型预测断面平均水质；在混合过程段需采用二维或三维模式进行预测。

大、中河流一、二级评价，且排放口下游 3～5km 有集中取水点或其他特别重要的用水目标时，均采用二维或三维模式预测混合过程段水质。其他情况可根据工程特征、评价工作等级及当地环保要求决定是否采用二维及三维模式。

3. 项目废水排入污水处理厂的接管可行性分析

对于项目产生的废水，经厂内预处理后排入污水处理厂的项目，应分析污水厂的位置、建设验收、管网建设情况及规划与进度安排、污水厂处理工艺、项目所排废水水质是否符合污水处理厂的接管标准、污水处理厂余量（根据污水厂的实际建成规模及已接管量核算）能否接纳项目废水水量等，从而确定项目废水接入污水处理厂是否可行。

四、实训内容

1. 项目废水排入河流

（1）项目背景资料　某项目废水中主要污染物是 BOD_5、COD_{cr}、氨氮和 SS，污染物产生与排放情况见表 5-32，地表水监测数据见表 5-33。

表 5-32　项目污水主要污染物的产生与排放浓度

综合废水量/(m³/d)		BOD_5 浓度/(mg/L)	COD 浓度/(mg/L)	氨氮浓度/(mg/L)	SS 浓度/(mg/L)
处理前	390	60	180	15	100
处理后排放	388	20	80	2	10

表 5-33　地表水监测数据表

日期	监测位置	水温/℃	pH	DO/(mg/L)	COD_{cr}/(mg/L)	BOD_5/(mg/L)	氨氮/(mg/L)
2013-9-19	1#（对照断面）	26.7	7.1	6.5	15.4	1.2	0.127
	2#（排口下游 500m）	26.7	7.5	6.1	14.1	1.8	0.133
	3#（排口下游 1000m）	26.7	7.2	6.3	16.3	2.0	0.122
2013-9-20	1#（对照断面）	26.7	7.2	6.5	13.5	1.3	0.133
	2#（排口下游 500m）	26.7	7.6	6.2	15.2	1.4	0.138
	3#（排口下游 1000m）	26.7	7.2	6.4	17.3	2.4	0.139

项目废水由岸边排入某河流，该河段为Ⅲ类水域，平均流量为 37.7m³/s，平均河深为 5.5m，平均河宽 30m，河道平均坡降 2.9‰；COD 降解系数 K 取 0.2/d，BOD_5 耗氧系数 K_1 取 0.3/d。该河段可以简化为矩形平直河流对待。

（2）实训任务

① 分析项目背景，确定项目地表水环境影响评价工作等级。

② 采用相应公式，计算完全混合距离。

③ 项目废水与河水混合后，在正常和非正常情况下，对预测因子 COD 的浓度增量进行预测，并叠加背景后进行分析评价，详见表 5-34～表 5-36。

表 5-34　正常排放情况时 COD 在受纳水体的净增值

X/m ＼ Y/m	5	10	15	20	25	30
10						
50						
100						
200						
500						
1000						
2000						
3000						

表 5-35　非正常排放情况时 COD 在受纳水体的净增值

X/m \ Y/m	5	10	15	20	25	30
10						
50						
100						
500						
1000						
2000						
3000						

表 5-36　正常排放及非正常排放情况时关心断面 COD 浓度变化情况

叠加断面	正常排放						非正常排放					
	净增值			叠加值			净增值			叠加值		
	5	10	20	5	10	20	5	10	20	5	10	20
2#												
3#												

地表水环境影响预测评价：_____

_____

2. 项目废水排入污水处理厂

（1）背景资料　某食品加工技改项目位于 K 市高新技术开发区，水污染物排放情况见表 5-37。项目废水排入高新区污水处理厂，尾水排放执行《城镇污水处理厂污染物排放标准》（GB 18918—2002）表 1 中一级 A 标准，处理厂接管标准及排放标准见表 5-38。

表 5-37　拟建项目水污染物排放情况汇总

产污环节	废水量 /(m³/a)	污染物名称	产生情况		处理方式	排放情况		排放去向
			浓度 /(mg/L)	产生量 /(t/a)		浓度 /(mg/L)	排放量 /(t/a)	
浸洗废水 W₁	420000	pH	6~9	—	调节＋厌氧＋好氧生化工艺	pH6~9	—	高新区污水处理厂
		色度	400 倍	—		COD200	85.96	
		COD	800	336		SS100	42.98	
		SS	400	168		氨氮40	17.192	
		氨氮	100	42		磷酸盐6.98	0.003	
地面冲洗水 W₂	7000	COD	200	1.4				
		SS	200	1.4				
生活污水	2800	COD	400	1.12				
		SS	250	0.7				
		氨氮	30	0.084				
		磷酸盐	2	0.005				

表 5-38　高新区污水处理厂接管标准及排放标准

指　标	pH 值	COD /(mg/L)	BOD₅ /(mg/L)	SS /(mg/L)	氨氮 /(mg/L)	总磷 /(mg/L)	石油类 /(mg/L)	动植物油 /(mg/L)
接管标准	6～9	500	300	400	35	3.5	20	100
《城镇污水处理厂污染物排放标准》（GB 18918—2002）表 1 中一级 A 标准	6～9	50	10	10	5(8)	0.5	1.0	1.0

高新区污水处理厂一期规模 $1.5 \times 10^4 \, \text{m}^3/\text{d}$ 已建成并通过验收，处理工艺为曝气沉砂＋水解＋CASS＋絮凝沉淀。污水厂目前接管的废水 $1.2 \times 10^4 \, \text{m}^3/\text{d}$。本项目废水在高新区污水厂接管范围内，目前污水管网已铺设到位。

（2）请分析项目废水接入高新区污水处理厂的接管可行性

实训八　声环境影响评价

一、实训目的

① 熟悉声环境影响预测所需要的环境条件和污染源参数。

② 掌握声环境影响预测模式的应用。

③ 培养计算机应用能力和综合分析问题的能力。

二、实训要求

① 认真学习《环境影响评价技术导则　声环境》（HJ 2.4—2009）。

② 依据《环境影响评价技术导则　声环境》（HJ 2.4—2009）和给定的项目噪声源强，确定项目声环境影响评价等级。

③ 采用《环境影响评价技术导则　声环境》（HJ 2.4—2009）中的预测模式进行预测，并根据预测结果进行影响评价。

三、相关知识

1. 声环境影响评价工作等级

声环境影响评价工作等级划分依据见表 5-39。

表 5-39　声环境影响评价工作等级划分依据

评价等级	划 分 依 据		
	声环境功能区划	建设项目建设前后评价范围内敏感目标噪声级增高量	受影响人口数量
一级评价	GB 3096 规定的 0 类声环境功能区域,以及对噪声有特别限制要求的保护区等敏感目标	或 5dB(A) 以上[不含 5dB(A)]	或显著增多
二级评价	GB 3096 规定的 1 类、2 类地区	或 3～5dB(A)[含 5dB(A)]	或增加较多
三级评价	GB 3096 规定的 3 类、4 类地区	或 3dB(A) 以下[不含 3dB(A)]	且数量变化不大

2. 声环境影响的评价范围

声环境影响评价范围一般依据评价工作等级确定。

① 对于以固定声源为主的建设项目（如工厂、港口、施工工地、铁路站场等）。

满足一级评价的要求，一般以建设项目边界向外 200m 为评价范围；二级、三级评价范围可根据建设项目所在区域和相邻区域的声环境功能区类别及敏感目标等实际情况适当缩小。如依据建设项目声源计算得到的贡献值到 200m 处仍不能满足相应功能区标准值时，应将评价范围扩大到满足标准值的距离。

② 城市道路、公路、铁路、城市轨道交通地上线路和水运线路等建设项目。

满足一级评价的要求，一般以道路中心线外两侧 200m 以内为评价范围；二级、三级评价范围可根据建设项目所在区域和相邻区域的声环境功能区类别及敏感目标等实际情况适当缩小。如依据建设项目声源计算得到的贡献值到 200m 处仍不能满足相应功能区标准值时，应将评价范围扩大到满足标准值的距离。

③ 机场周围飞机噪声评价范围应根据飞行量计算到 L_{WECPN} 为 70dB 的区域。

满足一级评价的要求，一般以主要航迹离跑道两端各 5～12km、侧向各 1～2km 的范围为评价范围；二级、三级评价范围可根据建设项目所处区域的声环境功能区类别及敏感目标等实际情况适当缩小。

3. 声环境影响预测的步骤

① 建立坐标系，确定各声源坐标和预测点坐标，并根据声源性质以及预测点与声源之间的距离等情况，把声源简化成点声源、线声源或面声源。

② 根据已获得的声源源强数据和各声源到预测点的声波传播条件资料，计算出噪声从各声源传播到预测点的声衰减量，由此计算出各声源单独作用在预测点时产生的 A 声级（L_{Ai}）或有效感觉噪声级（L_{EPN}）。

③ 按工作等级要求绘制等声级线图。等声级线的间隔应不大于 5dB（一般选 5dB）。L_{eq} 等声级线最低值应与相应功能区夜间标准值一致，最高值可为 75dB；L_{WECPN} 一般应有 70dB、75dB、80dB、85dB、90dB 的等声级线。

四、实训内容

1. 项目背景资料

某房地产项目北侧建筑控制线至海阔路中心线 31m，西侧建筑控制线至崇礼路中心线 23m，东侧为已建成小区，南侧为空地，规划为住宅小区。项目本身为住宅小区，为声环境敏感点，因此需考虑外环境交通噪声对本小区的声环境影响。项目外环境道路基本资料见表 5-40，道路交通流量预测见表 5-41。

道路与小区建筑物的区位关系如图 5-5 所示。

表 5-40　项目外环境道路基本情况表

道路等级	路名	起止点		红线宽度	道路长度	道路横断面/m			
		起点	终点	m	m	机动车道	非机动车道	人行道	机非分隔带
次干道	海阔路	204 国道	西环路	32	4985	26	3	3	—
支路	崇礼路	盐塘南路	南环路	24	2482	14	5	5	—

表 5-41　道路预测年份交通流量预测表

道路	流量	车型	小型车	中型车	大型车	合计
海阔路	流量 (辆/h)	昼间	225	157.5	67.5	450
			50%	35%	15%	100%
		夜间	99	63	18	180
			55%	35%	10%	100%
崇礼路	流量 (辆/h)	昼间	150	105	45	300
			50%	35%	15%	100%
		夜间	82.5	52.5	15	150
			55%	35%	10%	100%

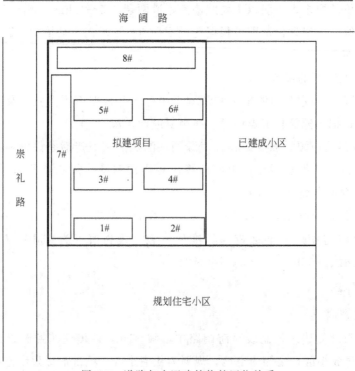

图 5-5　道路与小区建筑物的区位关系

2. 实训内容

（1）确定声环境影响评价等级　根据建设项目所处的声环境功能区，或建设项目建设前后评价范围内敏感目标噪声级增高量以及受噪声影响人口数量，按照《环境影响评价技术导则　声环境》（HJ 2.4—2009）确定声环境影响评价等级。

（2）确定声环境影响评价范围和评价基本要求　声环境影响评价范围依据评价工作等级确定，并据此确定评价的工作量。

（3）声环境影响预测　按导则 HJ/T 2.4—2009 公路交通运输噪声预测模式来预测公路交通噪声对该项目住宅楼声环境的影响，绘制中、远期对住宅楼各层影响的等声级曲线并进行声环境影响预测评价。预测各预测点的贡献值、预测值、预测值与现状噪声值的差值，预测高层建筑有代表性的不同楼层所受的噪声影响。按贡献值绘制代表性路段的等声级线图，分析敏感目标所受噪声影响的程度，确定噪声影响的范围。

（4）实训记录及分析评价　选择受交通噪声影响较大的西南角 8# 楼西侧单元作为预测对象，预测结果见表 5-42。

表 5-42　8＃住宅楼最西侧单元各楼层噪声预测表　　　　　　单位：dB（A）

坐标	X	Y	Z	楼层	昼间	夜间
8＃楼	17	−122	0	底层		
	17	−122	5	2层		
	17	−122	17	6层		
	17	−122	20	7层		
	17	−122	23	8层		
	17	−122	26	10层		
	17	−122	32	12层		
	17	−122	47	15层		
	17	−122	56	18层		

根据预测结果和噪声背景值（以低于相应功能区标准值 2dB 作为背景值），对噪声环境影响进行评价。

实训九　固体废物环境影响评价

一、实训目的

① 熟悉固体废物的环境影响评价内容、评价依据和标准。

② 了解固体废物管理目标和管理模式。

③ 掌握固体废物中间处理和最终处置的方法。

二、实训要求

① 认真学习固体废物的环境影响评价的内容、评价依据和标准。

② 针对项目产生的固体废物，按照一般废物和危险废物，分别分析对环境产生的影响及需注意的问题。

三、相关知识

1. 固体废物类型

固体废物种类繁多，按其危害状况可分为一般废物和危险废物。按废物来源又可分为城市固体废物、工业固体废物、矿业固体废物和农业固体废物。

2. 环评类型与内容

固体废物的环境影响评价主要分两大类型：第一类是对一般工程项目产生的固体废物，由产生、收集、运输、处理到最终处置的环境影响评价；第二类是对固体废物处理、处置设施建设项目的环境影响评价。

（1）对第一类的环境影响评价　一般工程项目产生的固体废物环境影响评价内容可参照下述内容。

① 污染源调查。根据调查结果，按一般工业固体废物和危险废物，分别给出包括固体废物的名称、数量、组分、形态等内容的调查清单。

② 污染防治措施的论证。根据工艺过程、各个产出环节提出防治措施，并对防治措施的可行性加以论证。

③ 提出固体废物最终处置措施方案。

a. 综合利用。给出综合利用的废物名称、数量、性质、用途、利用价值、防止污染转移及二次污染措施、综合利用单位情况、综合利用途径、供需双方的书面协议等。

b. 焚烧处置。给出危险废物的名称、组分、热值、性态及在《国家危险废物名录》中的分类编号，并应说明处置设施的名称、隶属关系、地址、运距、路由、运输方式及管理。如处置设施属于工程范围内项目，则需要对处置设施建设项目单独进行环境影响评价。

c. 填埋处置。说明需要填埋的固体废物是否属于危险废物，若属于危险废物，应给出危险废物分类编号、名称、组分、产生量、性态、容量、浸出液组分及浓度以及是否需要固化处理等。

对填埋场应说明名称、隶属关系、厂址、运距、路线、运输方式及管理。如填埋场属于工程范围内项目，则需要对填埋场单独进行环境影响评价。

d. 委托处置。一般工程项目产出的危险废物也可采取委托处置的方式进行处理处置，受委托方须具有环境保护行政主管部门颁发的相应类别危险废物处理处置资质。在采取此种处置方式时，应提供与接收方的危险废物委托处置协议和接收方的危险废物处理处置资质证书，并将其作为环境影响评价文件的附件。

④ 全过程的环境影响分析。固体废物本身是一个综合性的污染源，因此，预测其对环境的影响，重点是依据固体废物的种类、产生量及其管理的全过程可能造成的环境影响进行针对性的分析和预测，包括固体废物的分类收集，有害与一般固体废物、生活垃圾的混放对环境的影响；包装、运输过程中散落、泄漏的环境影响；堆放、贮存场所的环境影响；综合利用、处理、处置的环境影响。

（2）对处理处置固体废物设施的环境影响评价　根据处理处置的工艺特点，依据《环境影响评价技术导则》、执行相应的污染控制标准进行环境影响评价，如一般工业废物贮存、处置场，危险废物贮存场所，生活垃圾填埋场，生活垃圾焚烧厂，危险废物填埋场，危险废物焚烧厂等。在这些工程项目污染物控制标准中，对厂（场）址选择、污染控制项目、污染物排放限制等都有相应的规定，是环境影响评价必须严格予以执行的。在预测分析中，需对固体废物堆放、贮存、转移及最终处置（如建设项目自建焚烧炉、自设填埋场）可能造成的对大气、水体、土壤的污染影响及对人体、生物的危害进行充分的分析与预测，避免产生二次污染。

四、实训内容

1. 某三级甲等综合性大型医院建于 1959 年，集医疗、教学、科研于一体。现总建筑面积 49630m²，设有 27 个临床科室，7 个医技科室，病床数 582 张。门诊量近 5000 人次/天。为缓解基础设施长期超负荷运转的困境，改善医疗环境，拟对医院进行扩建改造。项目运营期固体废物包括：生活垃圾约 1000t/a，由环卫部门统一清运处理；危险废物包括医疗废物（感染性废物、损伤性废物、病理性废物、药物性废物和化学性废物）约 36.2t/a 和污水处理站污泥约 70t/a，均交给专业公司统一处置。医疗废物暂存场地位于综合住院楼北侧，地下 3 层，医疗废物通过专用车辆和专用电梯运输，危险废物在地下 3 层装入专用车辆，车辆通过电梯运至地面，然后交给专业公司。

请分析该项目固体废物对环境产生的影响并对医疗废物的收集、暂存、运输及交接提出要求。

2. 某公司 3×10^5 t/a 离子膜烧碱项目，烧碱装置沉降器排出的盐泥浆液含水量较高，经盐泥压滤机压滤至含水 50%。盐泥压滤渣组成主要为 $NaCl$、$BaSO_4$、$Mg(OH)_2$、$CaCO_3$、水、其他固体等，根据新颁布的《国家危险废物名录》，盐渣中所含 $BaSO_4$ 不属于 HW47 含钡废物，为一般固废。滤液回用作为化盐原料。水处理过程中的废树脂由供应商回收。废包装桶袋由原来供货商回收利用。生活垃圾由当地的环卫部门清理后卫生填埋，详见表 5-43。

表 5-43　固废产生及排放情况表

序号	名称	分类编号	产生量/(t/a)	性状	含水率/%	综合利用或处置方式
1	盐泥压滤渣	—	23548	固态	50	
2	废树脂	HW13	4500	固态	—	
3	废包装袋(桶)	—	20	固态	—	
4	生活垃圾	—	73	固态	30	
	小计		28141			

请针对该项目固体废物收集、暂存、运输及处理处置要求，并分析对环境产生的影响。

实训十　环境风险评价

一、实训目的

① 了解风险评价的作用，掌握风险评价的步骤，熟悉风险评价的内容。

② 培养学生的计算机应用能力和综合分析问题的能力。

③ 学会使用 Risksystem 软件进行风险预测，并根据预测结果进行风险评价。

二、实训要求

① 认真学习《建设项目环境风险评价技术导则》（HJ/T 169—2004）。

② 依据《建设项目环境风险评价技术导则》（HJ/T 169—2004）和给定背景资料，确定项目风险评价等级和风险评价范围。

③ 采用 Risksystem 软件进行预测，并根据预测结果进行风险评价，提出风险管理措施。

三、相关知识

1. 环境风险评价与安全评价的关系

环境风险评价与安全评价既有区别也有联系。它们的相同点是都要确定风险源、源强及最大可信事故概率。在实际工作中，环境风险评价可利用安全评价数据开展环境风险评价，但要注意其区别，不能照搬安全评价。

它们的不同点是关注对象不同。安全评价更关心危险度，环境风险评价则更关心向环境迁移影响的最大可接受水平。环境风险评价的适用范围明确为重大环境污染事故隐患，后果计算更单一和深入，关注事故对厂（场）界外环境的影响。实际工作中，环境风险评价应坚持对重大环境污染事故隐患进行评价的原则，源项分析可利用安全评价的结果，侧重筛选对外环境产生影响的源项，侧重对社会公众的影响。

2. 风险评价工作等级和评价范围

（1）评价工作等级　根据评价项目的物质危险性，功能单元重大危险源判定结果以及环境敏感程度等因素，将环境风险评价工作划分为一、二级，见表5-44。

表 5-44　环境风险评价工作级别划分

类　型	剧毒危险性物质	一般毒性危险物质	可燃、易燃危险性物质
重大危险源	一	二	一
非重大危险源	二	二	二
环境敏感地区	一	一	一

注：1. 经过对建设项目的初步工程分析，选择生产、加工、运输、使用或贮存中涉及的1～3个主要化学品，进行物质危险性判定。

2. 敏感区系指《建设项目环境保护分类管理名录》中规定的需特殊保护地区、生态敏感与脆弱区及社会关注区。具体敏感区应根据建设项目和危险物质设计的环境确定。

3. 根据建设项目初步工程分析，划分功能单元。凡生产、加工、运输、使用或贮存危险性物质，且危险性物质的数量等于或超过临界量的功能单元，定为重大危险源。危险物质及临界量按《危险化学品重大危险源辨识》（GB 18218—2009）的有关规定执行。虽属火灾、爆炸危险物质重大危险源，但不会因火灾、爆炸事故导致环境风险事故，则可按废重大危险源判定评价工作等级。

一级评价应对事故影响进行定量预测，说明影响范围和程度，提出防范、减缓和应急措施。

二级评价可参照本标准进行风险识别、源项分析和对事故影响进行简要分析，提出防范、减缓和应急措施。

（2）评价范围　对危险化学品按其伤害阈和GBZ2工业场所有害因素职业接触限值及敏感区位置确定影响评价范围。

大气环境影响一级评价范围，距离源点不低于5km；二级评价范围，距离源点不低于3km范围。地面水和海洋评价范围按《环境影响评价技术导则　地面水环境》规定执行。

3. 风险评价内容

环境风险评价的包括以下基本内容。

（1）风险识别　风险识别范围包括生产设施风险识别和生产过程所涉及的物质风险识别。生产设施风险识别范围包括主要生产装置、贮运系统、公用工程系统、辅助生产设施及工程环保设施等，目的是确定重大危险源。物质风险识别范围包括主要原材料及辅助材料、燃料、中间产品、最终产品以及"三废"污染物等，目的是确定环境风险因子，凡属于有毒有害物质、易燃易爆物质均需进行危险性识别。

根据有毒有害物质放散起因，可将风险分为火灾、爆炸和泄漏3种类型。

（2）源项分析　源项分析内容是根据潜在事故分析列出的设定事故，筛选最大可信事故。对最大可信事故进行源项分析，包括源强和发生概率。事故源项参数包括有毒有害物质名称、排放方式、排放速率、排放时间、排放量、排放源几何参数等。

（3）环境后果　计算估算有毒有害物在环境中的迁移、扩散、浓度分布及人员受到的照射与剂量。

（4）风险计算和风险评价　主要任务是给出风险的计算结果及评价范围内某给定群体的致死率或有害效应的发生率。

（5）风险管理　根据风险评价结果，采取适当的管理措施，以降低或消除风险。

评价等级不同，评价的要求也不同。一级评价应当进行风险识别、源项分析、后果计

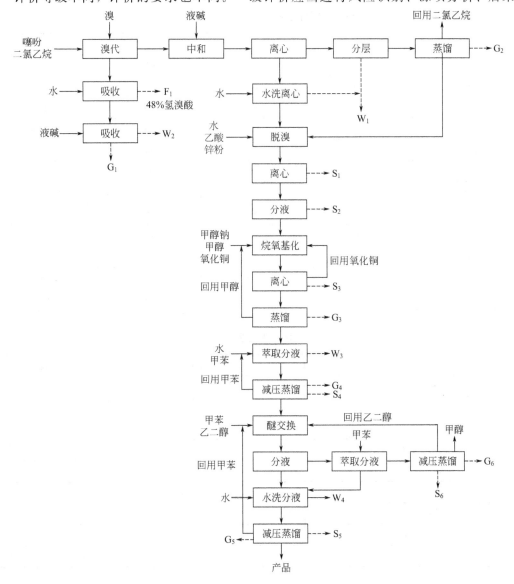

注：G_n—废气污染物、W_n—水污染物、G_n—固体污染物、F_n—副产物。

图 5-6　项目生产工艺流程及污染物产生点位图

算、风险计算和评价，提出环境风险防范措施及突发环境事件应急预案。二级评价可进行风险识别、源项分析和对事故影响进行简要分析，提出防范、减缓和应急措施。

四、实训内容

某公司坐落在 K 工业园内，拟建设年产 250t 3,4-乙烯二氧噻吩生产线建设项目。

3,4-乙烯二氧噻吩又名 3,4-乙撑二氧噻吩，简称 EDOT，主要使用行业为新型抗静电材料、新型导电高聚物对神经元修补元件的表面改性、电解电容器市场等。拟建工程生产工艺及污染流程如图 5-6 所示。

项目位于工业园区，项目东南约 1000m 为盐场，西南约 2200m 为村庄。

项目主要原辅材料消耗及贮存量见表 5-45，生产设备见表 5-46。

表 5-45　项目主要原辅材料消耗及贮存量表

物料名称	消耗量/(t/a)	最大贮量/t	物质形态	储存方式
噻吩	225	100	液体	罐区
溴素	1720	400	液体	罐区
二氯乙烷	18	60	液体	罐区
甲醇钠	260	20	固态	袋装、原料库
液碱	145	50	液体	罐区
锌粉	400	40	固态	袋装、原料库
氧化铜	25	2	固态	袋装、原料库
乙二醇	117.6	80	液体	罐区
甲苯	41	200	液体	罐区
甲醇	80	100	液体	罐区
乙酸	300	50	液体	罐区
EDOT	240	10	液体	桶装、成品库

表 5-46　主要生产设备

名　称	规格(型号)	数量
搪瓷反应釜	5000L	148
反应釜	2000L	8
高位槽		20
回流冷凝器	(石墨 30m²)	116
离心机		64
水冲泵		28
槽钢架		12
尾气吸收塔		4
减压蒸馏釜	2000L	12

实训要求：1. 进行环境风险识别，确定环境风险评价工作等级和评价范围。

2. 根据所确定的工作等级，进行环境风险评价，并提出风险管理措施。

实训十一　污染防治措施评述

一、实训目的

① 熟悉建设项目环境影响评价中污染防治措施评述的作用和内容。

② 培养学生查阅资料、综合分析问题和解决问题的能力。

③ 能够针对具体的建设项目源强提出具有针对性污染防治措施，并论述防治措施的技术、经济可行性。

二、实训要求

① 针对具体的建设项目，根据其特点，从废水、废气、噪声、固废等污染治理设施处理能力、处理工艺、处理效果、总量控制要求等方面，评述其长期稳定达标排放的技术可行性和经济合理性；废水、废气等污染的治理措施必须有工艺流程图，有相应的表格和数据加以支持。从生态方面提出保护和恢复措施。

② 对废气、废水等污染源按各排气筒、污水排口（一类污染物车间排口）、厂界噪声及污染物厂界监控点等采用相应评价标准进行达标和总量控制分析。说明拟采取的污染防治措施国内成功运行实例。必要时需提出改进、补充对策措施或替代方案。技改扩建项目应结合目前存在的主要环境问题，明确"以新带老"的整改措施及其效果。

③ 填写"三同时"验收一览表，为环境工程竣工验收及环境管理提供依据。

④ 实行区域集中供热和污水集中处理的项目，须阐述集中供热设施和污水处理工程及其配套工程概况及服务能力，附相应协议。如环保基础设施为拟建或在建，应明确其建设进度与建设项目的同步性。

⑤ 提出排污口设置及规范化管理的内容。

⑥ 明确绿化率指标，细化绿化方案（厂界绿化防护林带宽度、长度、树种等）。

三、相关知识

1. 污染治理措施分析

污染治理措施分析应分两个层次进行，首先是根据项目所在地的环境容量及污染物排放总量指标两个方面确定从污染物发生量到最终排放量所要求的去除率，其次是提出实现去除率应采用的具体治理措施，并对推荐措施进行经济技术分析。

（1）废气防治措施评述　分别评述生产工艺废气（包括物料及溶剂回收系统）、燃料燃烧废气、贮运系统废气三类废气所采取的收集系统、治理设施名称、处理规模、处理工艺、污染物去向及去除率等，对于有回收系统的应说明回收利用方式和回收利用率数据。废气治理应论证排气筒高度的合理性和无组织排放源的收集点、捕集方式、捕集率。

（2）废水防治措施评述　评述厂区排水体制（废水收集系统），列表说明各处理设施污水处理能力、处理工艺及污染物去除率，并附污水处理工艺流程图。根据"节水"政策提出工业用水循环率要求。

① 分析论述本项目产生的废水水量和水质，提出清污分流、污水的分质分类、分质预

处理和综合处理的要求。

② 提出拟选用的治理技术和处理工艺流程组合方案，并进行方案的可行性、适用性论述（包括处理水量和规模适应性）；对优先控制有机毒物的治理措施及效果应专节评述，并明确控制指标及依据，必要时列举处理设施成功运行实例。

③ 提出处理工艺中各级处理单元的处理效率，效率指标的合理性论述，个别污染因子的达标可行性分析。

④ 进区域或城市管网的废水，应阐述拟进污水处理厂建设规模、处理工艺、运行现状（尾水达标状况、目前污水处理量、区域在建和已批待建项目拟接管污水量及剩余处理能力等），论证本项目废水经厂内预处理达接管标准的可行性及由区域污水处理厂处理的可行性，即进行接管可行性分析，并对终端污水处理厂冲击进行影响分析。

⑤ 提出污水站（厂）内处理过程中二次污染的防治要求。

⑥ 提出事故性排放的应急措施及预案。

⑦ 若排放总量突破或纳污水体无环境容量及环境较敏感，应提出污水深度处理及处理尾水的综合利用要求。

（3）噪声治理措施评述　评述各高噪声设备噪声源强、采取的具体降噪措施和降噪效果。

（4）固废（残液）治理措施评述　评述各类固废的厂内收集、贮存方式，综合利用途径，分析贮存处置方案是否达到国家固废处置法规及相关标准的要求。自行处置危险废物的必须分析处置设施是否符合国家标准。委托危险废物处置应说明处置单位名称、处置资质、处置能力、处置工艺及效果。报告中应附相应协议及资质证书复印件。

① 论述固废类别区分、毒性，不同性质固废按规范提出不同的收集、贮存及处理处置要求。

② 提出有机物料、溶剂、废催化剂、吸附剂、离子交换剂等的回收利用措施。

（5）电磁辐射、放射性污染防治措施评述　评述拟采取的辐射防护、放射性污染治理具体措施及其效果。

（6）生态保护和修复措施评述　环评应重点作如下方面的生态保护措施论述。

① 水土保持方案，主要指土石方平衡，取料场及弃渣场选址合理性分析，开挖面和弃渣场生态修复及绿化具体方案。对于工程项目已经编制水土保持方案的原则上可引用水土保持方案内容，但需从环保角度论述其合理性。

② 珍稀动植物保护。

③ 自然生态（水源涵养，湿地，生态林地，重要河流、湖泊和特殊生境等）保护。

④ 生物多样性及生物链平衡。

⑤ 防止外来生物侵袭。

⑥ 自然资源（土地、水、森林、景观、生物物种、重要矿产等）保护。

⑦ 海洋生态保护。

2. 稳定达标排放分析

从废水、废气治理设施处理能力、处理工艺、处理效果等方面，评述其长期稳定达标的技术可行性和经济合理性。对废气、废水、固废，噪声、电磁辐射等污染源按各排气筒、污

表 5-49 无组织废气产生源强

序号	污染源位置	名 称	排放量/(t/a)	面源面积/m²	面源高度/m
1		二氯甲烷	0.12	800	2~5
2		HCl(盐酸)	0.45	1500	2~5
3	罐区、仓库生产装置区	硫酸雾	0.46	1500	2~5
4		甲醇	0.23	800	2~5
5		丙酮	0.24	800	2~5
6		甲苯	0.22	800	2~5

（2）废水产生及排放源强　项目排放的废水包括生产工艺废水、地面冲洗水、生产区罐区的初期雨水、生活污水等。废水产生源强见表 5-50。项目废水经厂内预处理后排入园区污水处理厂进一步处理。

表 5-50 废水产生源强

污水类型	编号	废水量/(t/a)	污染物浓度										
			pH 值	COD/(mg/L)	SS/(mg/L)	NH₃-N/(mg/L)	色度/倍	TP/(mg/L)	甲苯/(mg/L)	甲醇/(mg/L)	三氯乙烯/(mg/L)	二氯甲烷/(mg/L)	盐分/(mg/L)
工艺废水	W₁	400.5	≥1	5000	1000		300	53000					225000
	W₂	51.8	10~12	8000	1000		300	13000			1930		81000
	W₃	379.6	9~11	48000	1000		200	1900		13300		13000	202000
	W₄	304.2	6~9	22000	1000		300		660	14792			
	合计	1136.1											
地面、设备冲洗水		1200	6~9	1000	600								
初期雨水		1000	6~9	300	200								
生活污水		3000	6~9	400	300	25		3					
合计		5200											
清净下水		14000		40	40								

污水处理厂采用混凝沉淀＋强氧化剂氧化＋ABR反应器＋好氧生物流化床＋消毒处理工艺处理废水。接管标准见表 5-51。

表 5-51 污水处理厂接管标准

项目	废水量/(t/a)	污染物浓度										
		pH 值	COD/(mg/L)	SS/(mg/L)	氨氮/(mg/L)	TP/(mg/L)	甲苯/(mg/L)	甲醇/(mg/L)	三氯乙烯/(mg/L)	二氯甲烷/(mg/L)	色度/倍	盐分/(mg/L)
接管要求	—	6~9	500	400	50	2	0.1	20	0.3	7.5	200	5000

（3）固废产生及排放源强　项目固体废物主要为滤渣、釜残、污泥、副产品以及少量生活垃圾，有关固体废物污染源强分析情况见表 5-52。

表 5-52　本项目固体废物产生及排放源强

序号	名　称	分类编号	性状	产生量/(t/a)	含水率/%	拟采取的处理方式
S_{1-1}	废硫酸	HW11	液态	83		
S_{1-2}	釜残	HW11	固态	11		
S_{1-3}	釜残	HW11	液态	5.4		
S_{1-4}	废氯化钠	99	液态	25		
S_{1-5}	废氯化钠	HW39	固态	30		
S_{1-6}	废草酸	99	固态	13.1		
S_{2-1}	废硫酸	99	液态	1221.5		
S_{2-2}	废盐酸	HW11	液态	150.7		
S_{2-3}	废盐		固态	340.2		
S_{2-4}	釜残	HW11	液态	24		
F_{1-1}	31%盐酸		液态	235.5		
F_{1-2}	99%甲醇		液态	371		
	二氯甲烷		液态	4.25		
	废活性炭		固态	17		
	亚磷酸钙		固态	60		
	废盐	99	固态	230	20	
	生活垃圾	55	固态	30		
	水处理污泥	99	固态	50		
	原料包装桶	99	液态	35		
小　计				2936.65		

（4）噪声产生源强　项目主要噪声设备为真空泵、离心机、风机等。有关噪声源情况及治理情况见表 5-53。

表 5-53　主要噪声源强表

序号	设备	数量（台）	噪声值/dB(A)	治理措施	排放源强/dB(A)
1	真空泵	10	90		
2	离心机	6	85		
3	冷却风机	4	80		
4	鼓风机	1	85		

根据以上资料，对项目提出污染防治措施，并进行技术经济可行性论证，分别列出废气、废水污染物排放情况，给出"三同时"验收一览表。

第六章　环境影响评价文件编制

实训十二　环境影响报告表编制

一、实训目的

① 了解环境影响报告表的格式。

② 熟悉环境环境影响报告表的内容和编制要求。

二、实训要求

① 学习《建设项目环境影响评价分类管理名录（2015 版）》，了解哪些项目需要编制环境影响报告表。

② 通过网络，查询公示的一些建设项目的环境影响报告表，熟悉环境影响报告表的格式。

③ 对于拟建项目，研究其项目资料、所在地环境概况及相关政策，编制环境影响报告表并绘制相关图件。

三、相关知识

① 环境影响报告表分两个小类：一般项目环境影响报告表和特殊项目环境影响报告表，特殊项目环境影响报告表是指输变电及广电通信、核工业类别项目的环境影响报告表。其他为一般项目环境影响报告表。

② 环境影响报告表参考格式（具体按各省报告表的格式要求编写）及各部分要求如下。

建设项目环境影响报告表

项目名称：＿＿＿＿＿＿＿＿＿＿＿＿＿＿＿＿＿＿＿＿＿＿

建设单位(盖章)：＿＿＿＿＿＿＿＿＿＿＿＿＿＿＿＿＿＿＿＿

编制日期：　　年　月　日

国家环保总局制

环境影响评价资格证书

(彩色原件缩印 1/3)

评价单位＿＿＿＿＿＿＿＿＿＿＿＿＿＿＿＿＿＿＿(公章)

项目负责人：＿＿＿＿＿＿＿＿＿＿＿＿＿＿＿

评价人员情况				
姓名	从事专业	职称	上岗证书号	职责

一、建设项目基本情况

项目名称			
建设单位			
法人代表		联系人	
通讯地址	省(自治区、直辖市)	市(县)	
联系电话	传真	邮政编码	
建设地点			
立项审批部门		批准文号	
建设性质	新建□改扩建□技改□	行业类别及代码	

78

占地面积/m²		绿化面积 /m²	
总投资/万元		其中：环保 投资(万元)		环保投资占 总投资比例	
评价经费/万元		预期投产 日期	_____年_____月

工程内容及规模

规范项目名称和建设单位名称。说明项目来源,根据项目特点,新建工业类项目分别按表 5-1、5-3 填写,技改扩建项目应说明技改前后产品方案的变化、公用工程及辅助工程依托情况,按表 5-2、5-3 填写

与本项目有关的原有污染情况及主要环境问题

简述技改扩建项目依托单位已建、在建项目概况(含公用工程及辅助工程)。说明主要污染源污染物排放现状及现有污染治理设施运行状况,说明存在的主要环境问题,明确以新带老内容

二、建设项目所在地自然环境社会环境简况

自然环境简况(地形、地貌、地质、气候、气象、水文、植被、生物多样性等)

简述与建设项目选址所在区域关系密切的自然环境状况。重点说明项目废水受纳水体与相关水体的水文特征、重要水工设施运行规律等。

规范描述当地气象特征,说明主导风向、平均风速等主要气候状况。

生态环境:说明区域内植被类型、重点保护珍稀动植物等情况。

社会环境简况(社会经济结构、教育、文化、文物保护等)

简述区域经济社会环境现状。重点说明选址所在区域功能定位、产业结构、土地利用等,区域集中供热、污水处理厂(含排水体制)、固废处置等环保基础设施建设规划及现状,说明与建设项目关系密切的自然保护区、风景名胜区及文物保护等内容。

在开发区(工业集中区)内建设,需附相应环保主管部门对开发区(工业集中区)环境影响评价的批复意见或环保要求

三、环境质量状况

建设项目所在地区域环境质量现状及主要环境问题(环境空气、地面水、地下水、声环境、生态环境等)

利用有效资料阐述与建设项目有关的各环境要素的环境质量现状,并需提供相应监测资料,说明资料来源(设大气、水及噪声环境影响评价专题时须出具"质保单")。当建设项目排放优先控制的有机毒物而无历史资料可供利用时,须进行实测。结合环境功能要求评述环境质量现状,如出现超标现象,需分析超标原因。明确区域内存在的主要环境问题,说明项目所在区域是否发生过污染事故和污染纠纷

主要环境保护目标(列出名单及保护级别)

列表说明项目周围 300m(或行业规定卫生防护距离)范围内集中居住区、学校、医院、自然保护区、风景名胜区、文物古迹大气和噪声保护目标,污水排放口上下游饮用水源保护区(含清水通道)、取水口、水产养殖等水环境保护目标及生态敏感点等,按表 6-1 填写

表 6-1 主要环境保护目标

环境要素	环境保护对象名称	方位	距离/m	规模	环境功能
空气环境					
水环境					
声环境					
生态					

如：水厂取水口：t/d;居住区(点):户数/人数;医院:床位数;学校:师生人数

四、评价适用标准

环境质量标准	列出环境质量标准文号和各评价因子的相应标准限值
污染物排放标准	列出污染物排放标准文号和各污染物允许排放限值。废气含排气筒相应排放高度的排放速率、无组织排放监控浓度限值等;废水含行业允许排水量。如实行污水集中处理,需列出污水处理厂接管标准 如无国内标准,可参照国外标准
总量控制标准	项目选址所在区域如属于"双控区"、淮河流域、太湖流域、"南水北调"等重点区域,须加以说明。根据项目污染物排放特征,如排放优先控制的有机毒物及重金属等污染物,需明确相应污染物排放总量指标。废水接入区域或综合污水厂的项目,需分别列出接管量(含污水量)和最终外排量

五、建设项目工程分析

工艺流程简述(图示)   简述工艺流程并绘制带产污环节的生产工艺流程框图,说明物料回收和循环工艺,化工项目应列出主要化学反应方程式
主要污染工序   结合生产工艺流程阐述污染物产生环节及公用工程、辅助工程产污环节。说明污染源强估算依据

六、项目主要污染物产生及预计排放情况

内容 类型	排放源(编号)	污染物名称	处理前产生浓度及产生量(单位)	排放浓度及排放量(单位)
大气污染物				
水污染物				
固体废物				
噪声				
其他				
主要生态影响(不够时可附另页) 针对区域生态特点与保护目标,分析建设项目对生态的影响				

七、环境影响分析

施工期环境影响简要分析
  说明项目的施工内容、施工机械及施工时间,分析施工期废水、废气、固废和噪声对环境的影响。对周围生态系统发生扰动的项目应当分析施工对生态系统的影响类别与程度。
  提出施工期污染控制与减缓生态影响的措施

营运期环境影响分析   结合建设项目污染物排放特点,分析对空气、水、声环境及生态环境的影响,说明分析结果依据,必要时进行定量预测。如有无组织排放,需估算卫生防护距离并图示。明确对项目选址周边环境敏感保护目标的影响,说明是否会有扰民现象发生。敏感项目必要时进行公众参与,征求利害关系人意见

八、建设项目拟采取的防治措施及预期治理效果

类型\内容		排放源（编号）	污染物名称	防治措施	预期治理效果
大气污染物	施工期			说明废气治理设施处理能力、处理工艺及预期处理效果（明确污染物去除率、排气筒参数）	
	营运期				
水污染物	施工期			说明废水治理设施处理能力、处理工艺及预期处理效果（明确污染物去除率）	
	营运期				
固体废物	施工期			明确固废处理处置途径	
	营运期				
噪声	施工期				
	营运期				
生态保护措施及预期效果：					

九、结论与建议

结论应具体明确、重点突出，并概述相应依据
1. 结合项目特点简述国家相关产业政策，说明建设项目属于鼓励、限制或禁止的类别。
2. 结合项目建设地点说明项目建设与规划的相容性。
3. 明确建设项目清洁生产水平与实施循环经济的内容。如与国内（外）同类企业先进水平有明显差距，提出进一步实施清洁生产具体途径。
4. 给出废水、废气、噪声、固废等污染源稳定达标排放的结论，明确污染防治措施的有效性。说明建设项目对环境的影响（特别是对环境敏感保护目标的影响），明确是否会扰民或产生其他环境纠纷。
5. 明确各污染物的总量指标及其来源。
6. 明确建设项目环境可行性结论并提出减少环境影响的其他建议

预审意见：	
	（公章）
经办人：	年 月 日

下一级环境保护行政主管部门审查意见：	
	（公章）
经办人：	年 月 日

审批意见：	
	（公章）
经办人：	年 月 日

注释

1. 本报告表应附以下附件、附图

附件1　立项批准文件

附件2　其他与环评有关的行政管理文件

附图1　项目地理位置图（应反映行政区划、水系、标明纳污口位置和地形地貌等）

附图2　项目平面布置图

2. 如果本报告表不能说明项目产生的污染及对环境造成的影响，应进行专项评价。根据建设项目的特点和当地环境特征，应选下列1～2项进行专项评价

①大气环境影响专项评价

②水环境影响专项评价（包括地表水和地下水）

③生态影响专项评价

④声影响专项评价

⑤土壤影响专项评价

⑥固体废弃物影响专项评价

以上专项评价未包括的可另列专项，专项评价按照《环境影响评价技术导则》中的要求进行

四、实训内容

根据实际项目情况，编制环境影响报告表（必要时进行专项评价）并处理和绘制相应图件。

实训十三　环境影响报告书编制

说明：可作为综合或课外实训，如假期作业等。可用于培养方案中素质与能力拓展模块的考核依据。

一、实训目的

① 熟悉环境影响报告书编制的内容和要求。

② 培养学生综合分析问题和解决问题的能力。

③ 培养学生的计算机应用能力和语言表达能力。

④ 培养学生谦虚、细致和实事求是的工作态度。

二、实训要求

① 学习《建设项目环境影响评价分类管理名录（2015版）》，了解哪些项目需要编制环境影响报告书。

② 在专项训练的基础上，按规范编制环境影响报告书，并处理和绘制相关图件。

③ 根据项目实际情况，列出必需的附件名称。

三、相关内容

（一）环境影响报告书编制前期工作指南

1. 环评调查收集资料指导清单

（1）项目技术资料

① 项目建议书、可行性研究报告或初步设计等技术资料，具体内容如下。

a. 项目建设背景：公司介绍、项目由来、建设必要性等。

b. 项目基本情况：包括选址、生产规模、产品结构、劳动定员、生产班制、主要技术经济指标。

c. 土建内容：包括总用地面积、建（构）筑物占地面积、建（构）筑物内容和单项建（构）筑物面积（主体工程、辅助工程、公用工程、办公及生活设施等），绿化面积，土建周期。

d. 生活配套设施：包括食堂、浴室、宿舍等；公用工程介绍：给排水、供汽、供电等，提供具体的数量。

e. 原辅材料利用情况：原辅材料形态、主要成分含量、运输和存放方式，具有环境风险的项目应提供原材料的成分、厂内存放位置、最大存放量。

f. 设备清单：提供设备型号和规格。

g. 生产工艺流程、工艺描述和原理介绍、工艺先进性说明，国内外同类型企业生产工艺调查资料。

h. 房地产项目提供各建筑单体平面布置图等。

② 技改项目提供原环评报告、环保设施验收资料以及日常监测资料等，具体内容如下。

a. 原有生产基本情况：包括厂区地址、投产时间、产品及产量、产值、劳动定员、生产班制等。

b. 厂区基本情况：包括占地面积、建筑面积、绿化面积、厂区总平面布置。

c. 生产设备清单（型号和规格），原辅材料用量。

d. 生产工艺流程、工艺描述和原理介绍、工艺先进性说明。

e. 污染防治措施（工艺流程、基本设计和运行参数），废气应包括排气筒数量、风量、高度、内径、用水量（或循环水量），废水应包括各水池容积和设备规格、污水总排口位置或接入市政管网的位置，主要噪声设备采取的措施。

f. "三废"排放和达标情况（监测报告），总量指标。

（2）建设地环境资料

a. 建设项目所在地周围环境状况、主要敏感目标情况（距离、规模）。

b. 地质地貌、气象、水文、生态状况等资料。

c. 城市规模、人口、主要经济、植被、农业、工业等简介。

d. 城市总体规划、生态规划，城市和村镇、工业区总体规划介绍及规划图纸。

e. 环境功能区划，海洋功能区划：岸线利用规划、水产养殖规划、旅游规划、各种保护区规划及其他相关规划资料。

f. 有集中供热、污水处理、固废处置的，对各集中处理设施情况进行介绍，污水处理和固废处置场应包括工艺、处理能力、实际处理情况等。

（3）主管环保部门意见

a. 拟建地环境功能，包括大气、噪声、地面水等执行的环境质量标准及污染物排放标准。

b. 对项目建设的意见，新增总量指标意见。

（4）有关附件类材料

a. 经贸委或发计局（发改委）关于该项目的立项批文。

b. 规划部门规划（城镇、村镇）选址意见书与规划红线图。

c. 地方环保部门项目受理单。

d. 国土资源部门的土地利用预审意见。

e. 租用厂房项目提供土地证和租赁协议。

f. 需要办理工商营业执照的项目提供名称预核准文件和工商开业申请表。

g. 涉及周边有风景区的项目需有旅游管理部门的意见。

h. 涉及占用林地的项目需有林业部门的意见。

i. 涉及占用基本农田的项目需有国土资源部门的补划农田证明。

j. 采用统一供热的项目应提供集中供热协议书。

k. 有危险废物产生的项目应提供危废委托处置协议。

l. 技改项目或安排实测项目提供监测报告。

m. 企业关于废物贮存和处置承诺（化工类）。

n. 化学事故应急救援预案（化工类）。

o. 与供应商签订的包装物回收协议（化工类）。

p. 企业关于所提供资料真实性的保证书（化工类）。

q. 地方环保部门关于环评采用标准的确认函（有特殊要求的报告书）。

r. 公众调查团体、个人表（报告书和环境敏感项目报告表）。

s. 公告栏所在单位关于公示的证明（报告书和环境敏感项目报告表）。

（5）有关附图类材料

a. 区域位置图（必须能看清文字、主要河流、道路、村庄等）。

b. 周围环境关系图（体现周围保护对象）。

c. 建设项目总平面布置图（明确污水处理站、排气筒等位置）。

d. 厂界噪声监测布点图。

注意：a～d 的图形要有比例尺和指北方向。

e. 重污染项目提供车间或设备平面布置图。

f. 房地产项目提供地下室平面布置图。

g. 化工类项目提供厂区排水平面图。

h. 城市、村镇或开发区总体规划图（报告书）。

i. 环境功能区划图。

j. 环境空气、地表水等监测布点图（报告书）。

k. 污水排入环境项目提供水系图（报告书）。

l. 周围环境现状照片、公示照片（报告书）。

（6）说明　环评人员应当对所承接的具体项目进行具体分析，结合"环评调查收集资料指导清单"提出更符合实际的环评项目资料清单。

2. 初步工程分析作业规范

对环评项目进行初步工程分析（特别是需要编写环境影响报告书的项目）是做好环境影响评价的重要环节和步骤。项目负责人在接受环评任务后，应及时安排现场踏勘和资料收集，并通过类比调查和资料调研进行初步的工程分析。

① 根据建设项目分类管理名录、国家和地方的产业政策及相关文件，查实项目报告类型和产业政策的符合性，如发现报告类型与合同签订有出入或与产业政策有抵触，应及时汇报，以便研究解决。

② 对企业提供的资料进行分析，紧密结合原辅材料、设备和生产工艺，并与企业技术人员进行交流，初步判断资料的真实性和完整性。

③ 现场踏勘后绘制周围环境关系图，明确周围现状和敏感点情况，污水排河或使用液体有毒有害物质（考虑泄漏）的项目，应调查清楚周围水系情况，尤其是与水源保护区的关系。

④ 结合原辅材料和设备，绘制生产工艺和排污流程图，对生产工艺进行详细描述，必须对工艺原理了解清楚；化工项目尤其要关注物料转移方式、反应机理和条件、转化率和收率、副反应和特征污染因子、废气收集措施；进行重大危险源识别，关注危险废物处理方式。

⑤ 根据工艺分析和调查，确定污染因子，结合当地功能区划确定评价标准。

对污染防治措施进行初步分析、判断，核算"三废"源强；有强制卫生防护距离要求的行业项目，以及有无组织废气排放的项目，均应确定卫生防护距离，并初步判断拟建项目是否满足卫生防护距离要求。

⑥ 技改、扩建和迁建项目需调查企业原有的生产和排污情况，对企业提供的现状资料（如原有环评、验收监测等）必须结合目前的生产实际情况进行核实，必要时进行现状污染源监测，确定"三废"排放源强。

⑦ 初步确定总量指标，技改项目应关注技改前后总量能否平衡。

在初步工程分析和环境状况初步调查的基础上，进行环境影响因素识别，确定评价因子；明确评价重点和环境保护目标，环境保护目标（评价区域内居民区、学校、医院、自然保护区、风景名胜区、文物古迹、饮用水源保护区、取水口等）按表6-1填写；确定各专项环境影响评价的工作等级、评价范围和评价标准。

（二）环境影响报告书编制工作指南

1．环境影响报告书及各专项编制工作要求

环境影响报告书主要内容见第二章，各专项编制工作要求见第四、第五章。

2．报告书中表格要求

表格要求见第一章。

3．报告书中插图要求

插图要求见第一章。

4．附图要求

（1）一般要求　附图一般要求见第一章。

（2）各主要附图要求

① 地理位置图。图示评价区范围、厂址、交通干线、主要河流、湖泊、水库、湿地、城镇、厂矿企业、自然人文景观等主要环境敏感目标，列出空气环境质量监测点位、附风玫瑰图、图例、比例尺（1∶50000～1∶100000）和指北标志。位置图必须能看清文字。

② 水系图。图示主要河流、湖泊、水库、流向（主、次）、水工设施、厂址、污水排口

位置（含污水处理厂）、饮用水源保护区范围、取水口、水产养殖区等敏感目标。附比例尺图标（1∶50000～1∶100000）和指 N 向。在水系图中标明水环境现状监测断面。

③ 规划图。开发区、工业集中区发展规划图、城镇总体规划图，图示土地利用规划（需要时应增加现状图）、项目位置、热电厂、污水处理厂、管网等。附图例、比例尺、图标（1∶50000～1∶100000）。

④ 厂界周围状况图。图示厂界外不少于 500m 的土地利用现状和主要环境敏感保护目标。附比例尺、图标（1∶5000～1∶10000）。

⑤ 厂区总平面布置图。应图示主要生产装置，公用工程、储罐区、危险化学品库等及污染源位置（排气筒、排污口、噪声源、固废贮存场地等）。技改项目标明已建、在建和拟建项目区。附图例、指 N 向及比例尺、图标（1∶3000～1∶5000）。

⑥ 排水管网走向图。图示排水管网的布设范围、走向及排水去向，图中需标明主管、支管、污水泵站、项目位置等，附图例、指 N 向及比例尺。

5. 附件要求

附件一般要求见第一章。

① 附件属于环评报告书的重要支持文件，必须齐全完备。

② 重点附件：环评委托书、原料成分分析、危险固废接纳协议及接纳单位的资质证明、土地证明、城市污水处理厂接纳协议及污水处理厂环评批复及验收文件、工业园区接纳协议、供热依托协议书、环境保护局的评价标准复函、公众参与的乡镇或村级证明。

③ 加盖 CMA 公章的环境监测报告。

④ 装订成册的公众参与调查问卷原件备查。

四、实训内容

在专项分析评价的基础上，整理材料，总结环境影响评价的所有工作，按照环境影响报告书的编制要求编制环境影响报告书，得出环境影响评价结论和建议，并处理和绘制相应图件，列出所需主要附件。

第七章　环境影响报告书送审、修改及归档

实训十四　环境影响报告书送审与汇报工作

一、实训目的

① 培养学生细致、严谨、精益求精的工作态度。

② 培养学生的表达能力和沟通能力。

二、实训要求

① 对编制完成的报告书进行全面审核，装订成册并模拟签字盖章。

② 根据所有的工作内容、工作结论制作幻灯片。

③ 模拟评审会会场，汇报报告书的主要工作内容和环评结论。

三、相关内容

1. 送审

报告书编制完成后，项目负责人应认真对报告书的资料来源（最新、有效、可靠的数据）、产业政策相符性、规划符合性、污染物排放达标情况、风险评价、环境质量达标、总量控制指标、清洁生产、污染及生态防治措施有效性等方面严格进行审核，附件应齐全，满足送审要求后方可送审，送审的报告书封面应加盖建设单位的公章，内附环评单位资格证书（彩色原件缩印 1/3，加盖环评单位公章）、项目负责人环评工程师登记证复印件及相关环评工作人员签名表。

2. 汇报

① 根据所有的工作内容、工作结论制作幻灯片。

② 幻灯片模板：选用清晰的幻灯片模板。

③ 幻灯片数量以简练、够用为原则，一般以 50～110 张为准。

④ 汇报时间不应超过 40min。

⑤ 重点要求：汇报语言要通俗简练（用普通话汇报），整个汇报过程要流畅，不得有语言混乱的情况，关键问题要汇报清楚。

⑥ 制作好的幻灯片应在"内部专家"评审会上进行试讲，在评审会议汇报之前多加练习，从而在汇报时做到心中有数，流畅清晰的汇报工作。

四、实训内容

① 按照环境影响报告书送审的要求，进行严格审核，合格后将报告书装订成册，并模拟签名、盖章。

② 模拟召开技术评审会，要求"项目负责人"对环评主要工作和环评结论向"专家"汇报，"专家"对报告书提出技术评审意见。

实训十五　环境影响报告书修改

一、实训目的

① 培养学生细致、严谨、精益求精的工作态度。

② 培养学生积极应对问题，勤于思考的精神。

二、实训要求

对"评审"后的环评报告书，对应评审意见，逐一回应，写出修改说明。

三、相关内容

经审核（会审或函审）后的报告书，应按照审核修改意见，逐条进行修改并作出修改说明，同时说明修改前后页码变化情况。修改工作应尽快完成，需要与业主沟通的应征求业主的意见，修改完成后的报告书与修改说明（加盖环评单位公章）、按审核要求补充的其他相关材料一并上报。

四、实训内容

经审核（会审或函审）后的报告书，应按照审核修改意见，逐条进行修改并作出修改说明，同时说明修改前后页码变化情况；未做修改的意见，应说明理由；需要与业主沟通的应征求业主的意见。

实训十六　环境影响报告书归档

一、实训目的

① 培养学生踏实、细致、吃苦耐劳的工作精神。

② 锻炼学生的综合工作能力。

二、实训要求

将环评过程中涉及的相关材料进行整理，分电子文件、纸质文件两大类归档，电子文件应明确命名后统一放一文件夹打包压缩，纸质文件应按类别分别装订成册，装袋后归档，档案袋上应写明归档清单。

三、相关内容

归档文件包括以下内容。

1. 环评文件

① 环评大纲或工作方案（含电子文本、图件）。

② 环评报告书（含电子文本、图件）。

③ 各次审核及修改材料。

④ 公众参与调查材料：装订成册的公众参与调查表，现场公示照片或网站公示截图，公众反馈意见或听证会的有关资料等。

⑤ 批文及成果交付记录。

2. 外包成果

① 环境现状监测报告（带质保单）。

② 外包的报告书专题（含电子文本、图件）。

③ 生态现状调查成果。

④ 气象监测、探空资料。

⑤ 水文监测资料。

3. 社会经济资料

当地的地方志、年鉴、统计年鉴、社会经济统计资料。

4. 地图

当地的地形图、行政区域图等。

5. 规划资料

① 城市总体规划、生态规划。

② 环境功能区划、海洋功能区划。

③ 岸线利用规划、水产养殖规划、旅游规划。

④ 各种保护区规划及其他相关规划。

6. 其他资料

① 项目建议书，可研、初步设计等资料。

② 环评项目进行过程中得到的相关研究资料。

四、实训内容

对已完成审批的环境影响报告书，整理上述材料，装袋归档，必要时制成电子版刻录光盘存档，并填写归档清单。

第三篇

案例分析

案例 1　新建公路项目

某新建高速公路项目，全长 130km，位于平原地区，路基宽度 35m，全线共有中型桥梁 1 座，设服务区 1 处，收费站 2 处。项目总投资为 69 亿元。按工程可行性研究，设计营运中期交通量为 27500 辆（折合小客车），行车速度 120km/h，平均路基高 2.5m。

根据环评现状调查，公路沿线没有风景名胜区、自然保护区和文物保护单位，也无国家、省、市级重点保护的稀有动植物种群。公路经过区域为乡村，无大中型企业，距公路中心线 200m 范围内村庄 50 个，学校 5 个，在公路 K100＋70m 处距公路中心线 220m 有一乡镇医院。现状声环境质量总体良好。根据初步预测，工程建成后可能使部分村庄噪声级增加 3～10dB(A)。

根据以上资料，请回答以下问题：

1. 说明声环境影响评价的范围，判定评价等级并说明判定依据。
2. 环评报告书中应设哪些专题？
3. 说明生态环境影响评价的范围，判定评价等级并说明判定依据。
4. 根据工程基本情况，简要说明保护耕地的具体措施。
5. 针对工程中的桥梁，提出营运期水环境风险防范的具体措施及建议。
6. 针对沿线受噪声影响较大的村庄，提出环境保护措施。
7. 简述桥梁施工的主要环境影响。
8. 项目取、弃土场应如何恢复？
9. 如果本项目公路所跨越的某河流下游有饮用水源地，环评工作应特别注意什么？
10. 指出服务区的主要环境影响来源。

案例 2　房地产项目

某市结合旧城改造，拟建设用地面积 75611.2m² 房地产项目，总规划建筑面积为 183987.17m²，其中地上总建筑面积 121258.87m²（包括 19 栋 12 层住宅、5 栋 4 层商业裙楼和一个农贸市场，该市场包括蔬菜摊位、肉类摊位、豆制品摊位等，不含禽类、鱼类宰杀摊位及熟食加工摊位）、地下总建筑面积 62728.3m²（地下机动车库 43000m²、地下非机动车库 19728.35m²）。建筑容积率为 1.6，建筑密度 21.8%，绿地率 37%；机动车停车位 1204 个，非机动位 3160 辆。项目建成后可供 966 户居民入住。裙楼以零售业、书店、药店、眼镜店、银行、移动营业厅等为主，为小区居民提供便民服务，部分裙楼出租做小型餐饮店。市政天然气管道、供水接入小区供居民使用，小区生活污水接入市政污水管网，小区内设置移动式生活垃圾桶。项目部分用地为制药厂搬迁后腾出的空地。

小区西边界80m、北边界110m外是现有的绕城高速公路，东边界和南边界外是城市次干道。东边界外150m有一河流，原为纳污合流。

根据以上资料，请回答以下问题：

1. 对项目西侧声环境可能超标的居民楼，提出合理的防治措施。

2. 小型餐饮店应采取哪些措施减少对环境的影响？

3. 结合城市改造及景观规划，拟对纳污河流进行改造，提出对该河环境整治应采取的措施。

4. 为防治大气污染，对该住宅小区项目建设应注意哪些内容？

5. 环境现状监测方案已确定了地表水、空气、声的监测要素，还需考虑哪些监测内容？说明理由。

6. 对该项目进行环境影响评价，还需了解项目哪些最基本的信息？

7. 为做好公众参与，本项目在进行公众参与调查前，应说明哪些问题？

案例3　污水处理厂项目

某市拟对位于城区东南的污水处理厂进行扩建。区域年主导风向为东南偏东风，A河经城市东南边缘由西北流向东南，厂址位于A河左岸，距河道800m。按照地表水环境功能区划，A河市区下游河段水体功能为Ⅲ类。

现有工厂污水处理能力为$2×10^4 m^3/d$，开工于2005年9月，2007年11月正式运营。采用循环式活性污泥法（CAST）工艺，出水达到《污水综合排放标准》（GB 8978—1996）中表4一级标准（其中总磷采用《城镇污水处理厂污染物排放标准》GB 18918—2002表1中一级B标准）后排入A河。采用浓缩脱水工艺将污泥脱水至含水率80%后送城市生活垃圾填埋场处置。

扩建工程新增污水处理规模为$6×10^4 m^3/d$，其中含10%的工业废水，用地为规划的污水厂预留用地，同样采用循环式活性污泥法（CAST）工艺处理和液氯消毒，新增污水处理系统出水执行《城镇污水处理厂污染物排放标准》（GB 18918—2002）一级A标准，经现有排污口排入A河。扩建加氯加药间，液氯贮存量为5t。设计进出水质见下表。

指标	COD	SS	氨氮	总磷	动植物油	BOD$_5$
进水水质/(mg/L)	500	400	45	8	100	300
出水水质/(mg/L)	60	20	15	0.3	10	20

根据以上资料，请回答以下问题：

1. 污水处理厂出水除排入A河外，是否还有其他用途？

2. 污水处理厂COD的去除率是多少？

3. 预测排污口下游20km处BOD$_5$浓度所需要的参数有哪些？

4. 现状污水处理厂将污泥送城市垃圾填埋场处置是否符合要求？

5. 为分析项目对 A 河的环境影响，需调查哪些方面的相关资料？

6. 污水处理厂建设应重点考虑与哪些规划的相符性？

7. 指出本项目环境影响评价工作的主要专题设置。

8. 对接受现状污水处理厂污泥的垃圾填埋场主要调查哪些内容？

案例 4　生活垃圾填埋场项目

某沿海平原城市拟新建一座生活垃圾填埋场，占地面积为 360 亩，设计库容为 $1.62 \times 10^6 m^3$，日处理能力为 220t，预计服务年限约 20 年。工程建设周期为 18 个月。主体建设内容包括：填埋场作业区、填埋区截流和雨污分流系统、防渗系统、地下水导排系统、渗滤液收集及处理系统、渗滤液处理系统、填埋气体导排系统等。渗滤液（含生产废水）设计处理方案为：预处理＋MBR＋纳滤＋反渗透的组合工艺，设计处理能力为 $150m^3/d$，处理达到《生活垃圾填埋场污染控制标准》（GB 16889—2008）中的要求后，排入Ⅳ类水体。工程设计的填埋气体导排方案为：水平与垂直相结合，垂直安放的 PVC 导气管周围设有石笼透气层，导气管与石笼透气层构成导气井，导气井水平间距为 30～50m，在导气井的上部设水平集气管，每条水平集气管连接若干条垂直导气管，若干条水平集气管连接，构成集气区域，最终气体导向燃烧火炬进行焚烧。填埋气体主要成分为 CH_4、CO_2、NH_3、H_2S、N_2、H_2 等。拟选厂址位于城市西北 15km 处，厂址及周边土地类型主要为一般农田；所在区域主导风向为东南风，平均风速为 3.3m/s；场址地下水系滨海平原水文地质区，近地表的第四地层属松散沉积层，孔隙多，导水性良好，有利于地下水贮存。填埋区天然基础层厚度 5.3m，平均渗透系数为 $4.4 \times 10^{-6} cm/s$。

根据以上资料，请回答以下问题：

1. 影响渗滤液产生量的主要因素有哪些？

2. 填埋场运行期存在哪些主要环境影响？

3. 什么情况下填埋区渗滤液可能污染地下水？

4. 渗滤液处理系统应考虑哪些应急处理措施？

案例 5　危险废物安全处置中心项目

某沿海城市拟建设固体废物安全处置中心，占地总面积约 220 亩，填埋库容为 $2.8 \times 10^5 m^3$，每年填埋危险废物约 $2 \times 10^4 t$，填埋库区工程使用年限 16 年，最大填埋深度 8m。同时配置 2500t/a 回转窑一台，6500t/a 热解气化焚烧炉一台，年可焚烧危险废物 9000t。填埋区主要的建设内容包括：安全填埋场、物化处理车间、稳定/固化处理车间、防渗工程、渗滤液收集系统、地下水集排系统、地表水导排系统、填埋气导排系统等。该地区主导风向为西南风，降雨充沛。

根据以上资料，请回答以下问题：

1. 指出新建集中式危险废物焚烧设施必须配备的系统及排气筒高度要求。

2. 填埋场全过程管理包括哪些方面？

3. 危险废物处置工程环境影响的重点是什么？

4. 指出危险废物填埋场环境影响评价应关注的主要问题。

5. 危废填埋场营运期的环境影响因素有哪些？

6. 危险废物填埋废气污染物和填埋渗滤液主要污染物有哪些？

7. 简述危险废物填埋污染控制要求。

案例6 农药生产项目

某农化企业位于已完成规划环境影响评价的沿海化工园区，占地面积约 11hm²，该企业拟在现有厂区预留用地新建3个车间，生产 A、B、C、D4 种农药（除草剂），1、2 车间分别独立生产 A、B 产品，3 车间生产 C 产品和 D 产品。厂区内设置液氯储罐，液氯储存单元属重大危险源。生产过程中产生的工艺废气主要污染物有甲苯、甲醇、乙醇、乙酸乙酯、二氯乙烷、氯化氢、氯气，甲苯、甲醇、乙醇、乙酸乙酯、二氯乙烷废气在产生节点回收预处理后混合送入现有 RTO 燃烧炉焚烧处理，尾气经 15m 排气筒排放，氯化氢、氯气经二级碱液吸收处理后经排气筒排放。企业现有废水处理能力为 150t/d，采用物化和生化处理的方法，现状实际处理能力为 90t/d，各项出水水质指标达到园区污水处理厂接管标准。扩建项目废水量为 50t/d，部分废水中盐分浓度较高，其他废水可生化性好。污水处理厂尾水排入海洋。

根据以上资料，请回答以下问题：

1. 结合化工园区的规划环境影响评价，本项目的环境影响评价可简化哪些内容？

2. 项目位于化工园区，在本项目环评中应从哪些方面分析与化工园区规划的相符性？

3. 化工园区的环境风险应急预案能否作为本项目的环境风险应急预案？

4. 识别液氯储存单元的风险类型，给出风险源项分析的内容。

5. 本项目工程分析应重点说明哪些问题？

6. 本项目污水处理厂的污泥可否直接进入生活垃圾填埋场？

7. 为评价扩建项目废气排放的影响，现场调查应了解哪些信息？

案例7 离子膜烧碱和聚氯乙烯项目

某拟建离子膜烧碱和聚氯乙烯（PVC）项目位于规划工业区。离子膜烧碱装置以原盐为原料生产氯气、氢气、烧碱。为使烧碱装置运行稳定，在场内设置3台容积为 50m³ 的液氯储罐，液氯储存单元属重大危险源。

聚氯乙烯（PVC）生产过程为 HCl 与乙炔气在 $HgCl_2$ 催化剂作用下反应生成氯乙烯单体（VCM），再采用悬浮聚合技术生产 PVC。全年生产 8000h。

VCM 生产过程中使用 $HgCl_2$ 催化剂 100.8t/a（折 Hg8188.3756kg/a）、活性炭 151.2t/a。采用活性炭除汞器除去粗 VCM 精馏尾气中的 Hg 升华物（折 Hg2380.8913kg/a）。VCM 洗涤产生的盐酸经处理返回 VCM 生产系统，碱洗产生的含 Hg 废碱水 2.5m³/h，总 Hg 浓度为 2.0mg/L。废催化剂中折 Hg4927.2044kg/a，更换催化剂卸泵产生的少量废水经锯末、活性炭等吸附带走 Hg840.2799kg/a，废水排入含 Hg 废碱水预处理系统。含 Hg 废碱水经化学沉淀、三段活性炭吸附、三段离子交换树脂预处理，总 Hg 浓度 0.0015mg/L。废活性炭、树脂更换带走 Hg39.9700kg/a。预处理合格的废水与厂内其他废水混合，经处理后排至工业区污水处理厂。含 Hg 废物统一送催化剂生产厂家回收处理。

根据以上资料，请回答以下问题：

1. 给出 VCM 生产过程总汞的平衡图（单位：kg/a）。
2. 说明本项目废水排放监控应考虑的主要污染物及监控部位。
3. 在 VCM 生产单元 Cl 元素投入、产出平衡计算中，投入项应包括的物料有哪些？
4. 本项目的环境空气现状调查应包括哪些特征污染因子？
5. 给出本项目水污染物总量控制应考虑的指标。
6. 本项目应考虑哪些物料平衡的核算？
7. 项目中离子膜烧碱装置排放含有氯气的排气筒高度最低应设为多少米？

案例 8　发电厂项目

西北方某城市地势平坦，主导风向为东北风，当地水资源缺乏，城市主要供水水源为地下水，区域已出现大面积地下水降落漏斗区，城市西北部有一座库容为 $3.2×10^7m^3$ 的水库，主要功能为防洪、城市供水和农业用水。该市现有的城市二级污水处理厂位于市区南郊，处理规模为 $1.0×10^5t/d$，污水处理达标后供应于城市西南的工业区再利用。

为了满足城市供热需求，拟在城市西南的工业区新建 $2×670t/h$ 煤粉炉和 $2×200MW$ 抽凝式发电机组，设计年运行 5500h。设计煤种收到基全硫 0.90%。配套双室 4 电场静电除尘器，采用低氮燃烧、石灰石-石膏湿法脱硫，脱硫效率 90%，建设 1 座高 180m 的烟囱，烟囱出口内径 6.5m，标态烟气量 $424.6m^3/s$，出口温度 45℃，SO_2 排放浓度 200mg/Nm^3。NO_2 排放浓度 400mg/Nm^3。工程投产后，将同时关闭本市现有部分小锅炉，相应减少 SO_2 排放量 362.6t/a。

经估算，新建工程的 SO_2 最大小时地面浓度为 $0.1057mg/m^3$。出现距离为下风向 1098m。NO_2 的 $D_{10\%}$ 为 37000m。

项目建设前，某敏感点 X 处的 SO_2 环境现状监测小时浓度值为 $0.021\sim0.031mg/m^3$。逐时气象条件下，预测新建工程对 X 处的 SO_2 最大小时浓度贡献值为 $0.065mg/m^3$。

项目生产用水包括化学水系统用水、循环系统用水和脱硫系统用水，拟从水库取水，用水量为 $35.84×10^5t/a$，生活用水采用地下水。

注：SO_2 的小时浓度二级标准为 $0.50mg/m^3$，NO_2 的小时浓度二级标准为 $0.20mg/m^3$；排放的 NO_x 全部转化为 NO_2。

根据以上资料，请回答以下问题：

1. 计算出本项目实施后全厂 SO_2 排放量和区域 SO_2 排放增减量。
2. 给出判定本项目大气环境影响评价等级的 P_{max} 和 $D_{10\%}$。
3. 确定大气评价等级和范围。
4. 计算 X 处 SO_2 最终影响预测结果（不计关闭现有小锅炉的贡献）。
5. 提出本项目用水优化方案，说明理由。

案例 9　纺织印染项目

某工业园区拟建生产能力 3.0×10^7 m/a 的纺织印染项目。生产过程包括织造、染色、印花、后续工序，其中染色工序含碱减量处理单元，年生产 300d，每天 24h 连续生产。按工程方案，项目新鲜水用量 1600t/d，染色工序重复用水量 165t/d，冷却水重复用水量 240t/d，此外，生产工艺废水处理后部分回用生产工序。项目主要生产工序产生的废水量、水质特点见下表。拟定两个废水处理、回用方案。方案 1 拟将各工序废水混合处理，其中部分进行深度处理后回用（恰好满足项目用水需求），其余排入园区污水处理厂，处理工艺流程见下图。方案 2 拟对废水特性进行分质处理，部分废水深度处理后回用，难以回用的废水处理后排入园区污水处理厂。

废水类别项目		废水量/(t/d)	COD_{cr}/(mg/L)	色度/倍	废水特点
织造废水		420	350		可生化性好
染色废水	退浆、精炼废水	650	3100	100	浓度高,可生化性差
	碱减量废水	40	13500		超高浓度,可生化性差
	染色废水	200	1300	300	可生化性较差,色度高
	水洗废水	350	250	50	可生化性较好,色度低
印花废水		60	1200	250	可生化性较差,色度高

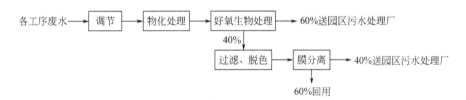

纺织品定型生产过程中产生的废气经车间屋顶上 6 个呈矩形分布的排气口排放，距地面 8m。

根据以上资料，请回答以下问题：

1. 如果该项目排入园区污水处理厂废水 COD 限值为 500mg/L，方案 1 的 COD 去除率至少应达到多少？

2. 按方案 1 确定的废水回用量，计算该项目水重复利用率。

3. 对适宜回用的生产废水，提出废水分质处理、回用方案（框架），并使项目能满足印染企业水重复利用率 35% 以上的要求。

4. 给出定型车间计算大气环境防护距离所需要的源参数。

5. 说明方案 1 和方案 2 哪个更为合理。

案例 10　水利水电项目

某拟建水电站是 A 江水电规划梯极开发方案中的第 3 级电站（堤坝式），以发电为主，兼顾城市供水和防洪，总装机容量 3000MW。堤坝处多年平均流量 1850m³/s，水库设计坝高 159m，设计正常蓄水位 1134m，调节库容 $5.55 \times 10^8 m^3$，具有周调节能力，在电力系统需要时也可承担日调峰任务，泄洪消能方式为挑流消能。

项目施工区设有砂石加工系统、混凝土机拌和及制冷系统、机械修配、汽车修理及保养厂以及业主营地和承包商营地。施工高峰人数 9000 人，施工总工期 92 个月，项目建设征地总面积 59km²，搬迁安置人口 3000 人，设 3 个移民集中安置点。

坝址上游属高山峡谷地貌，库区河段水环境功能为Ⅲ类，现状水质达标。水库在正常蓄水位时，回水长度 96km，水库淹没区分布有 A 江特有鱼类的产卵场，其产卵期为 3～4 月。经预测，水库蓄水后水温呈季节性弱分层，3 月和 4 月出库水温较坝址天然水温分别低 1.8℃和 0.4℃。

B 市位于电站下游约 27km 处，依江而建，现有 2 个自来水厂取水口和 7 个工业企业取水口均位于 A 江，城市生活污水和工业废水经处理后排入 A 江。电站建成后，B 市现有的 2 个自来水厂取水口上移至库区。

根据以上资料，请回答以下问题：

1. 指出本项目主要环境保护目标。
2. 给出本项目运行期对水生生物产生影响的主要因素。
3. 指出施工期间应采取的主要水质保护措施。
4. 对现有城市的两个自来水取水口和 7 个工业企业的取水口应重点调查哪些内容？
5. 现状水质检测应如何布设监测断面？
6. 指出项目工程分析生态影响的重点内容。

案例分析参考答案

案例 1　新建公路项目

1. 说明声环境影响评价的范围，判定评价等级并说明判定依据。

答：声环境影响评价的范围为公路中心线两侧 200m 以内范围，并包含公路 K100＋70m 处距公路中心线 220m 的乡镇医院。本项目属新建的大、中型建设项目，项目建设前后受影响人口数量显著增多，建设前后噪声级预计有较显著提高（噪声级增量 3～10dB），因此根据《环境影响评价技术导则　声环境》，应按一级评价进行工作。

2. 环评报告书中应设哪些专题？

答：总论、工程概况、自然社会环境概况、环境质量现状评价（含生态、地表水、环境空气、声环境）、环境影响预测与评价（含生态、地表水、环境空气、声环境）、社会环境影响预测、污染防治措施及经济技术论证、环境监测计划、环境经济损益分析、公众参与、替代方案、替代方案及工程选线的合理性论证、环境影响评价结论与建议。

3. 说明生态环境影响评价的范围，判定评价等级并说明判定依据。

答：生态环境影响评价的范围为公路中心线两侧 300m 以内的范围，并包括涉及的取土场、临时用地等。项目为线性工程，路线部分在平原区展布，生物量、生物物种多样性减少比较小，项目的建设沿线均为一般区域，项目长度≥100km。因此根据《环境影响评价技

导则　生态影响》应按二级评价进行工作。

4. 根据工程基本情况，简要说明保护耕地的具体措施。

答：工程选线尽可能少占耕地；采用低路基或以桥隧代路基方案；临时占地选址尽可能避开耕地或合理设置取弃土场，避免占用耕地；保护耕土层，建设时先将表层土壤剥离，堆放保存好，用于植被恢复或重建；有条件的可利用电厂粉煤灰等固体废物作为路基填料之一，减少从耕地内取土。

5. 针对工程中的桥梁，提出营运期水环境风险防范的具体措施及建议。

答：措施：设置防撞护栏、设置桥面径流导排系统及事故池。

建议：设置警示标志和监控设施；设置限速标志，限制车辆速度；实施运输危险品车辆的登记和全程监控制度；制订环境风险应急预案。

6. 针对沿线受噪声影响较大的村庄，提出环境保护措施。

答：选线时尽可能避绕；拆迁移民；设置声屏障；设置隔声绿化带；加装隔声门窗。

7. 简述桥梁施工的主要环境影响。

答：施工产生的噪声影响；施工扰动产生的泥沙对河流水质的影响；不利气象条件下施工扬尘及运输产生的扬尘对环境空气质量的影响；施工机械及人员活动对周边植被及水土流失的生态影响；施工机械排出的废气对环境空气质量的影响。

8. 项目取、弃土场应如何恢复？

答：① 取土场恢复：a. 取土时分层进行。先将表土剥离，集中存放好（遮挡，草帘、聚乙烯布覆盖）。b. 取土完成后，进行边坡整修（缓坡，以利于雨水汇入）。c. 将前期剥离的表土回填。d. 人工恢复或自然恢复，结合当地的自然环境条件，可恢复为农田、鱼塘，也可以植树种草。

② 弃土场恢复：a. 首先考虑将取土完成后留下的取土坑用作弃土场，弃土后再对取土坑进行生态恢复。b. 取土坑不能用作弃土场的，在地势较低处选择弃土场，在弃土前应挖出表层土壤，并保存好。c. 应"先挡后弃"，对弃土堆容易发生坍塌的一侧设置拦挡设施。d. 在弃土作业结束后，将原表层土壤覆盖在弃土堆上，进行人工绿化（植树种草），在弃土堆外围设置排水沟，以防洪水冲蚀。

9. 如果本项目公路所跨越的某河流下游有饮用水源地，环评工作应特别注意什么？

答：① 施工期弃渣、施工废水和生活污水对河流及水源地的污染问题。

② 营运期的环境风险问题，即运输危险品的车辆在跨河桥段发生泄漏而导致下游饮用水源地污染的风险。

10. 指出服务区的主要环境影响来源。

答：① 服务区占地面积大，生态影响明显。

② 服务区污染影响主要包括：a. 服务区一般设有锅炉房，其废气、废渣对环境有影响。b. 服务区的车辆维修、清洗废水排放到河流中对水环境有不利影响。c. 服务区的生活污水排放。d. 服务区的车辆噪声。e. 服务区的加油站有环境风险。

案例 2　房地产项目

1. 对项目西侧声环境可能超标的居民楼，提出合理的防治措施。

答：① 对绕城高速在该段设置声屏障。

② 考虑以下综合措施：临路居民楼安置隔声窗；对公路经过的该路段设置夜间禁鸣标志；加强绿化，设置适宜宽度的乔灌草隔声绿化带。

2. 小型餐饮店应采取哪些措施减少对环境的影响？

答：① 大气环境：依据《饮食业环境保护技术规范》（HJ 554—2010）、《饮食业油烟排放标准（试行）》（GB 18483—2001），油烟废气需要经高效油烟净化设施处理后经各单元设置的专用烟道达标排放。

② 水环境：餐饮产生的含油污水需经隔油池隔油处理后与小区生活污水合并接入市政污水管网。

③ 固废：分类存放，餐余垃圾放置在有盖容器内，废油脂由专业机构收集处理，能回收的优先进行回收，不能回收的放垃圾桶，由环卫部门转运，做到日产日清。

④ 声环境：对产生噪声的设施或设备采取选择低噪声设备、安装减振垫、风口消声等措施；严格控制商业部分为招揽顾客进行户外高音播放宣传等。

3. 结合城市改造及景观规划，拟对纳污河流进行改造，提出对该河环境整治应采取的措施。

答：① 拆迁和禁止在该区域建设污水排放到该河的生产性企业。

② 建设城市二级污水处理厂，市政污水管网接入污水处理厂，而不应直接排入该河流中，污水处理厂出水达到景观用水标准后可作为该河的补充水。

③ 对河道进行疏浚、清淤。

④ 划定滨河绿化带实施绿化措施。

⑤ 制订相应的管理制度并加强宣传教育，防止生活垃圾倾入河道。

4. 为防治大气污染，对该住宅小区项目建设应注意哪些内容？

答：① 工程施工方式应采用绿色施工，加强施工扬尘监管，施工现场应全封闭设置围挡墙、防尘网或洒水抑尘等防尘、抑尘等设施，严禁敞开式作业，施工现场应进行地面硬化，并避免大风天作业。渣土运输车辆应采取密闭措施。

② 明确非取暖期是否需要供热，如需供热，则应明确来源及可靠性，小区自行供热应满足《大气污染防治行动计划》的要求。

③ 对出租餐饮店明确安装高效油烟净化设施。

5. 环境现状监测方案已确定了地表水、空气、声的监测要素，还需考虑哪些监测内容？说明理由。

答：还需要监测土壤和地下水。因为项目部分用地是化工厂搬迁后腾出的空地，存在原有环境污染问题，需进一步查明，解决遗留问题。

6. 对该项目进行环境影响评价，还需了解项目哪些最基本的信息？

答：① 原化工厂环境影响评价文件及竣工验收情况，特别是生产工艺、产品及原辅材料的成分性质、堆放和利用情况；是否有遗留污染源及造成的土壤和地下水污染程度。

② 拟建工程总平面布局情况。

③ 地下水影响评价需要了解项目区工程地质及水文地质情况。

④ 环境空气影响评价需要了解小型餐饮的规模、燃料及地下车库排气方式及排气筒高度、位置等。

⑤ 声环境影响评价需要了解动力设施的布局及主要动力设备情况，尤其是与周边各声环境保护目标的位置关系。

7. 为做好公众参与，本项目在进行公众参与调查前，应说明哪些问题？

答：① 工程基本情况及主要污染因素：说明工程建设性质、规模及布局，主要污染源及强度。

② 主要环境影响：包括施工期、营运期的主要环境影响及采取的措施，对周边居民及各环境保护目标的实际影响方式、程度及采取措施后的减缓效果。

案例 3 污水处理厂项目

1. 污水处理厂出水除排入 A 河外，是否还有其他用途？

答：污水处理厂出水，除可排入 A 河外，还可作为再生水或中水利用，如农业灌溉、绿化用水、生态恢复等，但需先通过选用混凝、过滤、消毒等深度处理技术处理。

2. 污水处理厂 COD 的去除率是多少？

答：COD 去除率 $= \dfrac{\text{进水 COD 浓度} - \text{出水 COD 浓度}}{\text{进水 COD 浓度}} \times 100\%$

$$= \frac{500 - 60}{500} \times 100\% = 88\%$$

3. 预测排污口下游 20km 处 BOD_5 浓度所需要的参数有哪些？

答：利用一维水质模型 $C_x = C_0 \exp\left(\dfrac{Kx}{u}\right)$，所需要的参数主要是起始断面的水质浓度 $C_0(\text{mg/L})$，水质综合衰减系数 $K(1/\text{s})$，断面间河段长度 $x(20000\text{m})$，河段内河水的平均流速 $u(\text{m/s})$。

4. 现状污水处理厂将污泥送城市垃圾填埋场处置是否符合要求？

答：不符合要求。根据《生活垃圾填埋场污染控制标准》（GB 16889—2008），生活污水处理厂的污泥经处理后含水率小于 60% 方可进入城市垃圾填埋场，而本污水厂接纳的废水中包含部分工业废水，其污泥要进入生活垃圾填埋场，不仅要求含水率低于 60%，还应鉴别是否属于危险废物。如经鉴别属于危险废物，则不能进入生活垃圾填埋场。

5. 为分析项目对 A 河的环境影响，需调查哪些方面的相关资料？

答：需调查①A 河的水功能区划；②A 河及其水系分布；③A 河的水文情势；④A 河现状水质及主要污染因子；⑤A 河水生生物调查，明确是否有国家和地方保护水生生物；⑥A 河现状及预计未来纳污状况。

6. 污水处理厂建设应重点考虑与哪些规划的相符性？

答：①城市总体规划；②水环境保护规划；③水环境功能区与规划；④水资源综合利用规划；⑤城市排水规划。

7. 指出本项目环境影响评价工作的主要专题设置。

答：① 工程分析（包括处理工艺可行性及厂区布局合理性分析）。

② 项目选址合理性分析（兼顾卫生防护距离）。

③ 施工期生态影响及对环境空气与声环境的影响。

④ 营运期恶臭影响及超负荷污水外溢或事故排放对河流水环境的影响。

⑤ 污泥处理处置与综合利用。

8. 对接受现状污水处理厂污泥的垃圾填埋场主要调查哪些内容？

答：① 地理位置和与污水处理厂的距离。

② 垃圾填埋场填埋工艺、填埋量及使用剩余年限。

③ 可接纳污水处理厂的污泥量及要求。

案例4　生活垃圾填埋场项目

1. 影响渗滤液产生量的主要因素有哪些？

答：①填埋作业区面积大小；②垃圾含水量；③填埋区降雨情况（或当地降雨量）；④填埋场区蒸发量；⑤风力的影响和场地地面情况；⑥表面覆盖、植被情况。

2. 填埋场运行期存在哪些主要环境影响？

答：① 填埋气体、覆土过程中产生的扬尘及垃圾恶臭对环境空气的影响。

② 垃圾渗滤液在正常工况下对地表水的影响及非正常工况对地下水的影响。

③ 对生态环境的影响，尤其取土可能造成的水土流失以及占用土地、破坏植被造成的生态影响。

④ 填埋场滋生地害虫、昆虫及在填埋场觅食的鸟类对环境卫生造成的影响。

⑤ 垃圾运输车辆及覆土机械产生的噪声对声环境的影响。

⑥ 对周围景观的不利影响。

⑦ 作业及堆体对周围地质环境的影响。

⑧ 运营期地表径流可能受到撒漏垃圾的影响。

3. 什么情况下填埋区渗滤液可能污染地下水？

答：① 填埋场防渗层破裂。

② 渗滤液处理系统的防渗层破损。

③ 暴雨季节，渗滤液骤增，造成收集池漫溢。

④ 填埋区渗滤液渗漏引起地下水位上升，造成土地盐碱化。

4. 渗滤液处理系统应考虑哪些应急处理措施？

答：① 建立易发事故点、面的档案及事故发生的分布图，制订相应的应急处理措施，配套相应的设备和设施。

② 制订风险应急预案，加强管理机制和应急能力建设，并定期组织应急培训和演练。

③ 配备危险气体和危险化学品的控制和预防措施。

案例5　危险废物安全处置中心项目

1. 指出新建集中式危险废物焚烧设施必须配备的系统及排气筒高度要求。

答：① 焚烧设施必须配备预处理系统、烟气净化系统、报警系统及应急处理装置。

② 周围半径200m范围内有建筑物时，排气筒高度必须高出最高建筑物5m以上。

2. 填埋场全过程管理包括哪些方面？

答：包括收集、临时贮存、中转、运输、处置以及工程建设和营运期及封场后30年的环境管理。

3. 危险废物处置工程环境影响评价的重点是什么？

答：项目选址的环境可行性、项目建设对地下水的影响、生态影响评价、危废焚烧对环境空气的影响评价。

4. 指出危险废物填埋场环境影响评价应关注的主要问题。

答：① 掌握区域危险废物的产生量、种类和特性。

② 论证选址的合理性，按照相关文件要求进行公众参与调查。

③ 关注填埋场渗滤液、雨水渗滤液及排洪系统对地下水的影响，对渗滤液的产生、收集和处理系统以及填埋气体的导排、处理和利用系统重点进行评价。

④ 填埋场建设及填埋作业过程中由于占地、土石方填挖等活动对生态环境的影响。

⑤ 进行风险分析，提出风险应急预案，包括危废运输、填埋场渗滤液泄漏、焚烧设施发生事故及入场废物不相容产生的事故风险。

⑥ 全面贯彻全过程管理的原则，包括收集、临时贮存、中转、运输、处置以及工程建设和营运期的环境问题。

⑦ 对焚烧炉系统的完整性、烟气净化系统的配置和净化效果进行分析论述，对焚烧工艺和主要设施进行充分分析。

5. 危废填埋场营运期的环境影响因素有哪些？

答：① 填埋场渗滤液对地下水及地表水体的影响。

② 填埋场作业机械尾气、导排系统排放的废气、预处理车间扬尘对环境空气的影响。

③ 机械作业噪声、运输车辆噪声的影响。

④ 环境风险影响，包括运输危险废物车辆发生事故的环境风险、填埋场发生爆炸等产生的环境风险、填埋场防渗系统发生渗漏污染地下水。

6. 危险废物填埋废气污染物和填埋渗滤液主要污染物有哪些？

答：① 填埋场废气污染物成分是填埋废物生化分解的结果，取决于填埋废物的种类和固化方式，主要成分有甲烷、挥发性有机物等。

② 渗滤液中的污染物既有第一类污染物，也有第二类污染物，特别是铜、铅、锌、铬、镉、汞、砷等重金属，还有苯并[a]芘，甚至有放射性污染物、细菌等。

7. 简述危险废物填埋污染控制要求。

答：① 严禁将集排水系统收集的渗滤液直接排放，必须对其进行处理并达到《污水综合排放标准》（GB 8978—1996）中第一类污染物最高允许排放浓度的要求及第二类污染物最高允许排放浓度标准要求后方可排放。

② 填埋场渗滤液不应对地下水造成污染。

③ 填埋场排出的气体应按照《大气污染综合排放标准》（GB 16297—1996）中无组织排放的规定执行。

④ 填埋场在作业期间，噪声控制应按照《工业企业厂界环境噪声排放标准》（GB 12348—2008）的规定执行。

案例6　农药生产项目

1. 结合化工园区的规划环境影响评价，本项目的环境影响评价可简化哪些内容？

答：① 规划环评中已进行环境现状监测，如区域污染源未发生重大变化，且有效性符合要求的，可直接引用相关数据，简化环境现状监测工作。

②规划环评中已对集中供水及污水处理措施进行充分论证的，水资源保证性及相关废水防治措施的论证可适当简化。

③规划环评已对废水集中排放进行过海洋环境影响预测的，项目海洋环境评价工作可简化。

④规划环评中已明确污染物排放总量指标，且园区仍有剩余总量指标的，总量控制论证内容可简化。

⑤公众参与可适当简化，重点征求可能受项目直接影响的公众的意见。

⑥项目为扩建项目，且位于化工园区，因此项目的选址合理性、规划相符性等内容可适当简化。

2. 项目位于化工园区，在本项目环评中应从哪些方面分析与化工园区规划的相符性？

答：①项目所属产业与化工园区产业定位的相符性。

②项目选址与化工园区产业布局的符合性。

③项目生产规模、工艺、原料及产品使用、能耗物耗指标、单位产品污染物排放量等清洁生产指标与园区准入条件的符合性。

④污染物排放总量与园区总量控制要求的相符性。

⑤公用工程、辅助设施配套与园区集中供应、集中处理要求的相符性。

3. 化工园区的环境风险应急预案能否作为本项目的环境风险应急预案？

答：不能。

企业应根据项目具体情况，识别应急计划区，建立应急分类响应程序，配备应急设施、监测设备、通讯设备等，制订应急防护措施、撤离与医疗救助计划并进行定期培训与演练等。可建立企业与园区环境风险应急防范系统的上下联动机制，但园区的应急预案不能代替项目本身的应急预案。

4. 识别液氯储存单元的风险类型，给出风险源项分析的内容。

答：①风险类型包括液氯储罐的破裂、泄露。

②源项分析内容：确定液氯储罐破裂或泄露时最大可信事故的发生概率，液氯储罐最大可信事故泄露量。

5. 本项目工程分析应重点说明哪些问题？

答：①既有工程情况。包括生产车间、生产线、生产工艺及规模、污染源、主要污染物、环境保护措施及其效果、是否存在环境问题等。

②扩建工程情况。包括生产车间、生产线、生产工艺及规模、污染源、主要污染物、拟采取的环境保护措施等，公用、辅助及环保工程依托及建设情况，"以新带老"方案及"三本账"核算结果。

6. 本项目污水处理厂的污泥可否直接进入生活垃圾填埋场？

答：不能。因为本项目为农药项目，其产生的废水不属于生活污水，应对污水处理厂的污泥进行预处理，并进行毒性鉴别，不属于危险废物，且含水率低于60%方可进入生活垃圾填埋场。

7. 为评价扩建项目废气排放的影响，现场调查应了解哪些信息？

答：①环境质量现状，特别是排放同种污染物的污染源分布情况（包括所在园区已批未建待建项目的污染源）。

②　评价范围内敏感点分布情况。

③　当地气象资料，包括风向、风速、气温、云量等。

④　评价范围地形，建筑物、地表覆盖情况。

⑤　扩建工程污染源及废气种类、废气量、排气筒出口内径、温度等。

案例7　离子膜烧碱和聚氯乙烯项目

1. 给出 VCM 生产过程总汞的平衡图（单位：kg/a）。

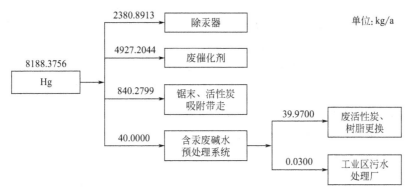

2. 说明本项目废水排放监控应考虑的主要污染物及监控部位。

答：①　废气污染物：工业粉尘、HCl、Cl_2、VCM。

②　废水：COD、NH_3-N。

3. 在 VCM 生产单元 Cl 元素投入、产出平衡计算中，投入项应包括的物料有哪些？

答：投入项应包括的物料有 HCl、$HgCl_2$。

4. 本项目的环境空气现状调查应包括哪些特征污染因子？

答：应考虑 HCl、Cl_2、VCM、Hg。

5. 给出本项目水污染物总量控制应考虑的指标。

答：①　Hg，预处理设施排放口。

②　COD、pH、SS、石油类，厂区污水处理设施总排口。

6. 本项目应考虑哪些物料平衡的核算？

答：应进行总物料平衡（分别针对离子膜烧碱和 VCM 生产过程）、氯平衡（分别针对离子膜烧碱和 VCM 生产过程）、汞平衡（VCM 生产过程）、蒸汽平衡及水平衡的核算。

7. 项目中离子膜烧碱装置排放含有氯气的排气筒高度最低应设为多少米？

答：应不低于25m。

案例8　发电厂项目

1. 计算出本项目实施后全厂 SO_2 排放量和区域 SO_2 排放增减量。

答：①　SO_2 排放量 $= 424.6 \times 200 \times 5500 \times 3600 \times 10^{-9} = 1681.42$ t/a。

②　区域 SO_2 排放增减量 G＝建成后全厂 SO_2 排放量－区域消减 SO_2 排放量＝(1681.42－362.6)t/a＝1318.82t/a，即区域排放总量增加 1318.82t/a。

2. 给出判定本项目大气环境影响评价等级的 P_{max} 和 $D_{10\%}$。

答：① SO_2：$P_{max}=C_i/C_{0i}\times100\%=0.1057/0.5\times100\%=21.1\%$；

　　　NO_2：$P_{max}=C_i/C_{0i}\times100\%=0.1057\times2/0.2\times100\%=105.7\%$。

② NO_2 的 $D_{10\%}$ 为 37000m，则 SO_2 的 $D_{10\%}$ 小于 37000m。

因此判定本项目大气评价等级的 P_{max} 和 $D_{10\%}$ 为：$P_{max}(NO_2)=105.7\%$，$D_{10\%}=37000m$。

3. 确定大气评价等级和范围。

答：① 确定大气评价等级：根据《环境影响评价技术导则　大气环境》（HJ 2.2—2008）评价工作等级规定，由于 $P_{max}=105.7\%>80\%$，$D_{10\%}=37km>5km$，评价工作等级为一级评价。

② 确定大气评价范围：本工程 $D_{10\%}=37km>25km$，因此本工程大气评价范围为半径25km的圆形区域，或边长50km的矩形区域。

4. 计算 X 处 SO_2 最终影响预测结果（不计关闭现有小锅炉的贡献）。

答：项目建成后最终的环境影响＝新增污染源预测值＋现状监测值－削减污染源计算值（如果有）－被取代污染源计算值（如果有）

$C=(0.065+0.031)mg/Nm^3=0.096mg/Nm^3$

$P_{SO_2}=C_i/C_{0i}\times100\%=0.096/0.5\times100\%=19.2\%$，未超标。

5. 提出本项目用水优化方案，说明理由。

答：该项目的生产用水改为使用城市二级污水处理厂的中水，西北部的水库作为备用水源，禁止开采地下水（西部缺水地区）。使用城市二级污水处理厂的中水作为生产用水具有可行性，理由如下：

① 城市二级污水处理厂处理的水能够回用，且排放位置位于本项目所在工业区。据题干，现有的城市二级污水处理厂处理达标后供位于城市西南的工业区再利用，本项目也位于该城市西南工业区内，铺设管网具有可行性。

② 城市二级污水处理厂处理后的水量可满足本项目的生产用水。污水处理厂的处理规模为 $365\times10^5t/a(1.0\times10^5t/d)$，而本项目的生产新鲜用水量为 $35.84\times10^5t/a$，仅占污水处理厂处理量的9.8%，完全可满足本项目的生产用水量。

案例9　纺织印染项目

1. 如果该项目排入园区污水处理厂废水 COD 限值为 500mg/L，方案1的 COD 去除率至少应达到多少？

答：① 进水水质浓度＝

$$\frac{420\times350+650\times3100+40\times13500+200\times1300+350\times250+60\times1200}{420+650+40+200+350+60}mg/L\approx1815mg/L$$

② 出水水质要求：排入园区污水处理厂废水 COD 限值为 500mg/L。

③ 去除率＝$\dfrac{1815-500}{1815}\times100\%\approx72.5\%$

2. 按方案1确定的废水回用量，计算该项目水重复利用率。

答：① 方案1中的废水回用量＝$(420+650+40+200+350+60)\times40\%\times60\%=412.8t/d$。

② 该项目的重复用水量＝$165+240+412.8=817.8t/d$。

104

③ 该项目水重复利用率 $=\dfrac{817.8}{1600+817.8}\times100\%\approx33.8\%$。

3. 对适宜回用的生产废水，提出废水分质处理、回用方案（框架），并使项目能满足印染企业水重复利用率35%以上的要求。

答：① 通过废水特点分析，织造废水的浓度低（350mg/L）、可生化性好；水洗废水的浓度低（250mg/L）、可生化性好、色度低。因此，上述两种废水可经处理后回用。分质处理方案如下。

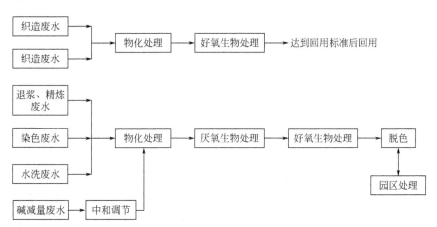

② 织造废水量为420t/d，水洗废水量为350t/d，如果处理后全部回用量为770t/d，则项目的水重复利用率 $=\dfrac{165+240+770}{1600+165+240+770}\times100\%=\dfrac{1175}{2775}\times100\%\approx42.3\%$。

从上述计算可知，该回用工艺满足印染企业水重复利用率35%以上的要求。

4. 给出定型车间计算大气环境防护距离所需要的源参数。

答：① 6个呈矩形分布排气口的排放速率［面源速率 g/(s·m²)］。

② 面源排放高度：8m。

③ 6个呈矩形分布排气口构成面源的长度（m）。

④ 6个呈矩形分布排气口构成面源的宽度（m）。

注：此题只问源参数，如果问计算大气环境防护距离所需要的参数则需增加"小时或日均评价标准"参数。

5. 说明方案1和方案2哪个更为合理。

答：方案2更为合理。因为方案2更符合污水分类分质处理的要求，更容易做到达标排放。方案1将不同类型不同水质的废水混合处理，不符合废水分类分质处理的原则，处理难度加大，不容易做到达标排放。

案例10　水利水电项目

1. 指出本项目主要环境保护目标。

答：① A江的特有鱼类及其产卵场。

② 现状Ⅲ类水体的A江库区河段及建成后的库区（有供水功能）。

③ 电站下游B市现有的两个取水口及7个工业企业的取水口。

④ 需搬迁的居民区及其安置点。

2. 给出本项目运行期对水生生物产生影响的主要因素。

答：① 大坝的阻隔。大坝建成后，阻隔了坝上和坝下水生生物的种群交流，特别是对A江特有鱼类及其他洄游性鱼类造成了阻隔。

② 水文情势变化。由于库区流速变缓，库区鱼类种群结构可能发生变化，原流水型鱼类减少或消失，而静水型鱼类会增加；库区饵料生物也会发生变化，某些饵料生物有进一步增多的趋势。

③ 库区淹没。破坏了A江特有鱼类的产卵场。

④ 低温水。对库区及坝上水生生物生活有不利影响。

⑤ 气体过饱和。如不采取有效措施，高坝大库及挑流消能产生的气体过饱和对鱼类有不利影响。

3. 指出施工期间应采取的主要水质保护措施。

答：① 对砂石加工系统废水采取沉淀措施后回用。

② 对混凝土拌和站废水采用中和、沉淀处理后回用。

③ 对机械修配、汽车修理及保养厂的废水经隔油、沉淀和生化处理后回用。

④ 对生活污水井生化处理后回用。

4. 对现有城市的两个自来水取水口和7个工业企业的取水口应重点调查哪些内容？

答：① 取水口位置与处理后的城市工业废水和生活污水排放口的位置关系。

② 取水口上断面、取水口断面水质，日取水量。

③ 是否划定饮用水水源保护区，两个自来水厂取水口可否整合为一个或是否必须移入库区。

④ 7个工业企业的取水口是否可以调整或取消。

5. 现状水质监测应如何布设监测断面？

答：从上至下依次为库尾断面、A江特有鱼类产卵场处、拟建水库坝址处、两个自来水厂取水口处及7个工业企业的取水口。

6. 指出项目工程分析生态影响的重点内容。

答：确定工程生态影响的源及强度，包括：

① 产生重大生态影响的工程行为，包括大坝、城市供水取水工程、防洪工程等。

② 造成重大资源占用和配置的工程行为，即工程建设、库区及回水段等对A江特有鱼类及产卵场的影响。

③ 产生间接和累积影响的工程行为，即工程营运导致的坝下减水对原河流水文情势及洄游性鱼类的影响。

④ 移民安置区建设的生态影响。

附录 国家环境保护部环境工程
评估中心技术审查要求

为提高环境影响报告书技术评估质量，规范评估报告内容，国家环境保护部环境工程评估中心制定了"建设项目环境影响报告书技术评估要点"，并于 2002 年 5 月 1 日起实行。建设项目环境影响报告书技术评估要点如下。

一、项目建设内容和主要环境问题

① 是否从环境影响源的角度分时段（施工、运营、废弃期）描述项目组成，一般应包括主体工程、辅助工程、公用工程、贮运设施等。另外，对于工程投资未包括但是必须配套建设的项目内容（例如输变电、道路建设等）也应有所描述，并说明是否存在环境保护方面的重要制约因素。改扩建项目应说明与现有工程的依托关系，并描述现有工程存在的环保问题和拟采取的"以新带老"措施。

② 是否从环境影响受体的角度描述与项目建设有关的自然、社会环境、环境质量状况等。是否按环境要素分别描述环境保护目标。特别应注意反映以下情况。

a. 需特殊保护地区：指国家或地方法律法规确定的或县级以上人民政府划定的需特殊保护的地区，如水源保护区、风景名胜、自然保护区、森林公园、国家重点保护文物、历史文化保护地（区）、水土流失重点预防保护区、基本农田保护区。

b. 生态敏感与脆弱区：指水土流失重点治理及重点监督区、天然湿地、珍稀动植物栖息地或特殊生态环境、天然林、热带雨林、红树林、珊瑚礁、产卵场、渔场等重要生态系统。

c. 社会关注区：指文教区、疗养地、医院等区域以及具有历史、科学、民族、文化意义的保护地。

d. 环境质量已达不到环境功能区划要求或者已经接近标准限值的地区。

③ 主体工程、辅助工程、公用工程、贮运设施及其他有关工程组成在项目实施的不同阶段（施工期、运营期及恢复期）分别产生什么环境影响、程度和范围如何；当地的主要环境问题是什么，项目建设是否会加重这些环境问题。

二、项目建设的环境可行性

报告书报批版是否为建设项目环境保护审批提供了充分的信息；报告书中使用的基础数据、报告书预测结论是否可信；报告书报批版确定的该项目建设方案是否已采取技术经济合理的环境保护措施，以最大限度地降低污染物排放和对生态环境的破坏；从环境保护的角度看，该项目建设是否可行。

1. 产业政策

是否属于国家明令禁止、限制、鼓励或允许建设或投资，是否已列入国家经贸委发布的《淘汰落后生产能力、工艺和产品的目录》和《工商领域禁止投资目录》中的建设项目，参照国家经贸委和行业管理部门有关文件要求执行。

2. 规划、选址——替代方案

与建设项目有关的，经过有效批复的总体发展规划、产业发展规划、开发区发展规划、环境保护规划、环境功能区划内容是否得到充分说明；对于环境保护方面的主要问题和制约因素是否分析清楚；项目建设是否符合当地的总体发展规划、环境保护规划和环境功能区划；项目选址的环境合理性如何；报告书是否提出对规划进行局部调整的建议；报告书是否提出了环境保护方面更为合理的替代方案。

3. 功能区划、总图布置

在采取报告书规定的环境保护措施，减免或防范各方面环境影响后，是否能够满足区域环境功能区划的要求；在非正常工况和不利气象条件下环境质量超标频率是否在可接受的范围内；总图布置是否合理；是否已考虑优化布局以减轻对环境保护目标的影响或风险。

4. 清洁生产

报告书中是否已用能耗、物耗、水耗、单位产品的污染物产生及排放量等方面与国内外同类型先进生产工艺比较和定量评价工程的清洁生产水平；评价结论能否说明该工程拟采用较清洁先进的生产工艺。

5. 环境保护措施

报告书最终确定的环境保护措施（按环境要素分别描述）。应明确与可行性研究报告中环境保护篇章的不同之处；是否体现了环境影响评价对建设项目的调整作用；是否规定了污染防治、回收、利用措施并进行了技术可靠性论证，是否有国内外运行实例，以确保达标排放；是否规定了有效的生态环境减缓、恢复、补偿措施；对拟采取的环保对策、措施是否进行了技术经济可行性及合理性论证，环保对策和措施是否具有针对性和可操作性；是否有合理可行的环境保护监控计划，以确保在项目实施的各阶段有效地控制项目可能带来的环境影响。

6. 达标排放

拟采取的环保对策、措施是否进行了技术可靠性论证，是否有国内外运行实例，能否确保实现稳定达标（环境保护行政主管部门批复的环保标准）。

7. 总量控制

报告书中对各项污染物排放总量的计算是否准确；是否已提出了合理可行的总量控制计划；与总量控制有关的区域削减方案的实施是否存在问题，具体问题是否明确；总量控制方案是否已得到地方政府的批准；无环境容量区域的建设项目是否能够做到增产不增污。

8. 公众参与

公众参与调查表是否较充分地提供了有关项目建设及其环境影响的介绍；受影响公众是否能够了解有关情况并且有发表意见的渠道；公众意见是否得到客观公正的分析处理；提出的有关问题是否已得到妥善解决。

9. 影响评价结论

工程分析中，各产污环节分析、污染物（包括正常工况和非正常工况）源强核算是否可信；是否包括对建设项目实施过程的不同阶段（施工期、运营期及恢复期）；是否明确了项目的实施对各环境要素敏感保护目标的影响及其定量的影响程度（包括该项目的影响值和与现状、在建拟建项目的叠加）；影响程度是否在可接受的范围内。

三、环境影响报告书编制质量

整体评价：报告书评价内容是否全面，重点是否突出，是否认真贯彻执行环保政策、法规，工程概况和环境状况介绍是否清楚，工程分析是否详尽，提出的环境保护措施是否可行，评价结论是否可信，是否完成了评价大纲及评估意见确定的工作内容。评价结论是否明确回答了环境保护行政主管部门审批时所关心的几个问题（达标排放、总量控制、清洁生产水平等），评价结论是否客观、可信，能否为环境保护行政主管部门决策提供依据。

环境影响报告书修改补充情况：对应于环境影响报告书审查会或预审会专家意见、各主管部门、环保部门的意见，逐条回答报告书修改补充情况。原则上必须按照报告书审查会或预审会专家意见修改补充完善后方起草报告书评估意见。

四、对该项目环境保护审批有关技术问题的建议

1. 建议在审批时提出的附加条件
2. 工程设计与项目建设中应重点做好的工作

参 考 文 献

[1] 国家环境保护部.HJ 2.1—2011 环境影响评价技术导则　总纲[S].北京：中国环境科学出版社，2011.

[2] 国家环境保护部.HJ 2.2—2008 环境影响评价技术导则　大气环境[S].北京：中国环境科学出版社，2008.

[3] 国家环境保护总局.HJ/T 2.3—1993 环境影响评价技术导则　地表水环境[S].北京：中国环境科学出版社，1993.

[4] 国家环境保护部.HJ 2.4—2009 环境影响评技术导则　声环境[S].北京：中国环境科学出版社，2009.

[5] 国家环境保护部.HJ 19—2011 环境影响评价技术导则　生态影响[S].北京：中国环境科学出版社，2011.

[6] 国家环境保护部.HJ 130—2014 规划环境影响评价技术导则[S].北京：中国环境科学出版社，2014.

[7] 国家环境保护总局.HJ/T 169—2004 建设项目环境风险评价技术导则（试行）[S].北京：中国环境科学出版社，2004.

[8] 国家环境保护部.HJ 610—2011 环境影响评价技术导则　地下水环境[S].北京：中国环境科学出版社，2011.

[9] 国家环境保护部环境工程评估中心.建设项目环境影响评价培训教材[M].北京：中国环境科学出版社，2011.

[10] 国家环境保护总局环境影响评价管理司.危险废物和医疗废物处置设施建设项目环境影响评价指南[M].北京：中国环境科学出版社，2004.

[11] 朱世云，林春锦.环境影响评价[M].北京：化学工业出版社，2007.

[12] 刘志斌，马登军.环境影响评价[M].徐州：中国矿业大学出版社，2007.

[13] 沈珍瑶.环境影响评价实用教程[M].北京北京师范大学出版社，2007.

[14] 李爱贞，周兆驹，林国栋，等.环境影响评价实用技术[M].北京：机械工业出版社，2008.

[15] 何德文，李铌，柴立元.环境影响评价[M].北京：科学出版社，2008.

[16] 罗晓，江家骅.城市轨道交通规划环境影响评价[M].北京：中国环境科学出版社，2008.

[17] 马玲，张江山.环境影响评价[M].武汉：华中科技大学出版社，2009.

[18] 钱瑜.环境影响评价[M].南京：南京大学出版社，2007.

[19] 胡辉，杨家宽.环境影响评价[M].武汉：华中科技大学出版社，2010.

[20] 国家环境保护总局监督管理司.化工、石化及医药行业建设项目环境影响评价（试用版）[M].北京：中国环境科学出版社，2003.

[21] 李勇，李一平，陈德强.环境影响评价[M].南京：河海大学出版社，2012.

[22] 贾元生.环境影响评价案例分析试题解析[M].北京：中国环境出版社，2014.

[23] 普鲁托.环评新手简明实用指南[EB/OL].2012-12-01 [2015-04-10].http://www.docin.com/p-542661684.html.